茶艺与茶文化专业综合课程教学教材
校企合作开发新形态立体化规划教材

茶叶鉴评综合实训

主　编　吴晓蓉　伍锡岳
副主编　刘展良　叶秀梅
参　编　林伟周　邹东发
杨文杰　李步超
毛汉威　洪红记
张利明

U0838436

中国商业出版社

图书在版编目（CIP）数据

茶叶鉴评综合实训 / 吴晓蓉，伍锡岳主编. -- 北京：中国商业出版社，2025. 6. -- ISBN 978-7-5208-3443-8

Ⅰ. TS272.5

中国国家版本馆 CIP 数据核字第 20258UG604 号

责任编辑：蔡　凯

中国商业出版社出版发行

（www.zgsycb.com　100053　北京广安门内报国寺 1 号）

总编室：010－63180647　编辑室：010－83114579

发行部：010－83120835/8286

新华书店经销

北京荣泰印刷有限公司印刷

*

787 毫米×1092 毫米　16 开　17.25 印张　350 千字

2025 年 6 月第 1 版　2025 年 6 月第 1 次印刷

定价：58.00 **元**

*　*　*　*

前　言

茶叶鉴评综合实训是茶专业核心职业岗位(群)服务工作能力的深化、强化训练。本教材旨在通过评茶员职业岗位任务训练,进一步掌握、熟悉茶叶鉴评的方法、评茶术语运用的技能并掌握多类茶叶品质等级的鉴评技能,进一步掌握茶叶品质与茶树品种、栽培条件、加工技术等关系,通过综合实训达到能够鉴评不同茶类的品质特点特征、不同档次茶的质量水平能力。

本教材内容主要包括基础测试篇、技能巩固篇和强化提升篇,三个篇章循序渐进。其中基础篇包括茶区分布及茶叶分类,评茶基础技能;技能巩固篇包括评茶师职业岗位之样品室建设,评茶师职业岗位之相关标准,绿茶品质鉴评,红茶品质鉴评,乌龙茶品质鉴评,黑茶品质鉴评,白、黄茶品质鉴评;强化提升篇包括茶叶拼配及质量控制,常见训练项目,综合运用,茶叶现代鉴评技术。其中项目一至项目五由伍锡岳、叶秀梅编写,项目六至项目十一由吴晓蓉编写,项目十二至项目十三由刘展良编写,项目二、项目十照片由伍锡岳拍摄,其他项目照片及视频资料由李烨珩拍摄,全书由吴晓蓉、伍锡岳统稿。

本书适合作为高职茶艺与茶文化专业茶叶鉴评及综合实训课程教学的教材,同时也可供茶叶栽培、茶叶加工等相关茶产业人员学习参考,读者仍需结合工作需要加强学习和运用。

本书在编写过程中参考了公开出版的有关文献、教材、专著及部分内部资料,在此致以衷心的谢意!

由于专业知识和能力的局限,本书内容难免出现错误,恳请广大读者批评指正。

编者

2025 年 6 月

目　录

模块一　基础测试篇

模块二　技能巩固篇

模块三　强化提升篇

模块一 · 基础测试篇

项目一

茶区分布及茶叶分类

【知识目标】

(1) 了解中国古代和现代茶区划分及国外茶区分布。

(2) 掌握六大基本茶类及再加工茶的分类、特征和加工工艺。

【技能目标】

(1) 能根据地域判断主产茶类，依工艺分辨茶类。

(2) 熟练描述不同茶类的品质特征。

【素养目标】

(1) 培养对茶区文化的尊重与传承意识。

(2) 塑造严谨科学的茶叶知识认知素养。

项目一　茶区分布及茶叶分类

任务一　能识别中国茶区的分布

中国茶区的分布范围十分广阔，涵盖了从北纬 18°到北纬 38°，以及从东经 98°到东经 122°的大片区域，这样的分布范围使中国能够种植多种不同类型的茶叶。

从地理位置上看，中国茶区跨越了多个气候带和地形地貌，更造就了中国茶叶的丰富品种和独特风味。同时，中国茶区的分布也与历史文化和经济发展密切相关。中国茶区的广阔分布范围为茶叶的种植和发展提供了丰富的资源和条件，同时，也为中国的茶文化传承和发展奠定了坚实基础。

一、中国古代茶区划分

中国茶区是世界上最古老、最广阔的。中国茶区最早的文字表述，始见于唐代陆羽所著的《茶经》。唐朝人工栽培的茶树分布于今四川、陕西、河南、安徽、湖北、江西、浙江、江苏、贵州、福建、广东、广西等12个省区的42个州1个郡，全国已划成八大茶区，这些茶区各具特色，共同构成了丰富多彩的茶叶生产格局。它们不仅见证了中国古代茶叶种植的繁荣景象，也为后世茶叶的发展奠定了坚实基础（表1-1）。

表1-1 中国古代八大茶区分布

序号	茶区名称	包含地区
1	山南茶区	峡州（今湖北省宜昌一带）、襄州（今湖北省襄阳一带）、荆州（今湖北省江陵一带）、衡州（今湖南省衡阳一带）、金州（今陕西省安康一带）、梁州（今陕西省汉中一带）
2	淮南茶区	光州（今河南省潢川、光山一带）、舒州（今安徽省怀宁一带）、寿州（今安徽省寿县一带）、蕲州（今湖北省蕲春一带）、黄州（今湖北省黄冈、新洲一带）、义阳郡（今河南省信阳一带）
3	浙西茶区	湖州（今浙江省吴兴一带）、常州（今江苏省武进一带）、宣州（今安徽省宣城一带）、杭州（今浙江省杭州一带）、睦州（今浙江省建德一带）、歙州（今安徽省歙县一带）、润州（今江苏省镇江一带）、苏州（今江苏省吴县一带）
4	剑南茶区	彭州（今四川省彭县一带）、绵州（今四川省绵阳一带）、蜀州（今重庆市、四川省成都一带）、邛州（今四川省邛崃一带）、雅州（今四川省雅安一带）、泸州（今四川省泸州一带）、眉州（今四川省眉山一带）、汉州（今四川省广汉一带）
5	浙东茶区	越州（今浙江省绍兴一带）、明州（今浙江省宁波一带）、婺州（今浙江省金华一带）、台州（今浙江省临海一带）
6	黔中茶区	思州（今贵州省务川一带）、播州（今贵州省遵义一带）、费州（今贵州省思南一带）、夷州（今贵州省凤冈、石阡一带）
7	江西茶区	鄂州（今湖北省武汉一带）
8	岭南茶区	福州（今福建省福州）、建州（今福建省建瓯、建阳一带）、韶州（今广东省曲江、韶关一带）、象州（今广西壮族自治区象州一带）

二、中国现代茶区划分

中华人民共和国成立后，中国茶区迎来巨大发展。其分布在南至北纬18°、北至北纬38°，西至东经98°、东至东经122°的广阔区域，涵盖二十多个省（区、市）上千个县（市），地跨多个气温带。在垂直分布上，茶树种植高度从几十米至海拔2600米不等。不同地区生长着不同茶树类型和品种，决定了茶叶品质、适制性和适应性，进而形成特定茶类结构，充分展现了中国茶区的丰富性和多样性。

中国茶区划分科学且系统，因茶区辽阔，采取三个级别划分。一级茶区为全国性划分，起宏观指导作用；二级茶区由产茶省（区）划分，指导省（区）内生产；三级茶区由各地县划分，指挥当地茶叶生产。国家一级茶区有四个，包括华南茶区、西南茶区、江南茶区和江北茶区，各有其独特的地理环境和茶叶特色，共同推动中国茶叶产业的发展（表1-2）。

表1-2　中国现代四大茶区分布

序号	茶区	位置	主产茶类	气候及其他
1	华南茶区	广东、广西、福建、台湾、海南等省（区）	红茶、乌龙茶、花茶、白茶和六堡茶等	有乔木、小乔木、灌木等各类型茶树品种，除少数地区外，年平均气温为19～22℃，最低月平均气温为7～14℃，茶年生长期10个月以上，年降水量1200～2000mm，台湾省雨量常超过2000mm
2	西南茶区	云南、贵州、四川三省以及西藏东南部	红茶、绿茶、沱茶、紧压茶（砖茶）和普洱茶等	中国最古老的茶区，地形复杂，气候差别大，大部分地区属亚热带季风气候，冬不寒冷，夏不炎热，土壤适合茶树生长
3	江南茶区	浙江、湖南、江西等省和皖南、苏南、鄂南等地	绿茶、红茶、黑茶、花茶以及特种名茶	中国茶叶主要产区，年产量约占全国总产量的2/3，茶园主要分布在丘陵地带和少数山区，气候四季分明，年平均气温为15～18℃，冬季气温一般在－8℃，年降水量1400～1600mm，春夏季雨水多
4	江北茶区	河南、陕西、甘肃、山东等省和皖北、苏北、鄂北等地	绿茶	年平均气温为15～16℃，冬季绝对最低气温一般为－10℃左右，年降水量较少，为700～1000mm，且分布不匀，少数山区有良好微域气候

图 1-1　华南茶区（安溪大坪）

图 1-2　华南茶区（武夷山倒水坑大红袍）

图 1-3　华南茶区（武夷山牛栏坑）

图 1-4　华南茶区（广东梅州）

图 1-5　华南茶区（广东潮州）

图 1-6　华南茶区（广东英德）

图 1-7　江南茶区（浙江杭州）

图 1-8　西南茶区（云南班章村）

三、国外茶区分布

从全球范围来看，茶树分布的最北地区为北纬49°，位于乌克兰外喀尔巴阡州；最南地区是南纬33°，在南非纳塔尔。目前，能够出产茶叶的国家和地区有五十多个，分布于五大洲。世界上虽有不少国家拥有茶园，但就种植面积和产量而言，主要集中在亚洲、非洲和拉丁美洲，其中亚洲最多，非洲次之。世界茶区可划分为东亚、东南亚、南亚、西亚、欧洲、东非和南美七大茶区，各茶区在茶叶种植与生产方面各具特色，共同推动全球茶业的发展。

任务二　能掌握中国的茶叶类型知识

茶叶是指由茶树新梢芽叶加工而成的产品。依加工工艺及产品品质特征，可分为绿茶、黄茶、白茶、青茶、红茶和黑茶六大基本类型。以这些基本茶类的茶叶进行再加工，形成再加工茶类，如窨花得花茶、蒸压成紧压茶、萃取制成速溶茶、加果汁成果味茶、加中草药成保健茶、入饮料制成含茶饮料。故也有人将再加工茶划分为花茶、紧压茶、萃取茶、果味茶、药用茶和含茶饮料六大类，丰富了茶叶的品类与应用。

一、绿茶类

绿茶是一种不发酵茶，其品质特征为“绿汤绿叶”。全国各产茶省（区）都生产该茶类，其加工制法一般是经过杀青、揉捻和干燥三道工序。杀青工序是绿茶类加工方法的主要特点。根据通用的杀青和干燥方法不同，分为炒青绿茶、蒸青绿茶、烘青绿茶和晒青绿茶四类。其中以炒青绿茶类品种较多。

绿茶类品种很多，按其加工过程中所形成的外形特征不同可分为针形，即茶条紧圆挺直，两头尖似针状，如安化松针、南京雨花茶、恩施玉露等。雀舌形，即茶条紧扁圆挺直，芽尖与第一叶尖等长，顶部似雀嘴微开，如顾渚紫笋、敬亭绿雪、黄山特级毛峰等。尖条形，即干茶两叶抱芽扁展，不弯、不翘、不散开，两端略尖，如太平猴魁、贡尖、魁尖等。花朵形，即芽叶相连似花朵，基部如花蒂，芽叶端部稍散开，如白牡丹、舒城小兰花、江山绿牡丹等。片形，即叶缘略向叶背翻卷，形似瓜子，如六安瓜片等。扁形，包括扁条形和扁片形，如龙井、旗枪、大方、湄江翠片、天湖凤片、仙人掌茶、千岛玉叶等。高级龙井扁平光滑挺直尖削，芽长于叶，形似“碗钉”，即两头尖、中间为韭菜扁形。卷曲形，即条索紧细卷曲，白毫显露，如洞庭碧螺春、高桥银峰、都匀毛尖、蒙顶甘露、湘波绿等。圆珠形，包括腰圆形、拳圆形、盘花形。颗粒细紧滚圆，形成珍珠状的有珠茶。腰圆形的有涌溪火青。茶条卷曲紧结如盘花的有泉岗辉白、临海盘毫。拳形的有切口的贡熙。环钩形，即条索细紧弯曲呈环状和钩状，如歙县银钩、桂东玲珑茶、广济寺毛尖等。条形，有的外表浑圆，有的外表有棱角，但均紧结有苗锋，如韶山韶峰、休宁松萝、庐山云雾以及各种毛尖、毛峰等。

二、白茶类

白茶属于轻发酵茶，其品质特征是白色茸毛多，汤色浅淡或初泡无色。主产地在中国福建省的福鼎、政和等县，台湾省也有少量生产，是中国的特有茶类之一。白茶的加工主法只经过萎凋和干燥两道工序。萎凋有用日光萎凋，也有用阴处萎凋。干燥可以晒干或风干，也可以用烘干。萎凋是这个茶类加工方法的特点，根据萎凋的程度分为全萎凋白茶和半萎凋白茶两个小类。全萎凋白茶有政和银针、政和白牡丹等；半萎凋白茶有白琳银针、白云雪芽、水吉白牡丹、贡眉、寿眉等。

三、黄茶类

黄茶属于后发酵茶类，为中国所特有的茶种，主要产于安徽、浙江、福建、湖南、湖北、四川等省份。其显著的品质特征表现为“黄汤黄叶”。在加工制作方法上，通常需历经杀青、揉捻、闷黄及干燥等工序，其中闷黄是黄茶加工工艺的核心特色。通过闷黄操作，促使茶叶的绿色褪去，进而呈现出黄色。依据闷黄工序在加工流程中所处时期的不同，可进一步细分为杀青后闷黄、揉捻后闷黄以及初干后闷黄三个小类。例如，杀青后闷黄的黄茶有沩山毛尖、蒙顶黄芽、台湾黄茶等；揉捻后闷黄的有平阳黄汤、北港毛尖、远安鹿苑等；初干后闷黄的则有君山银针、黄大茶、黄芽、崇安莲芯等。

四、青茶类

青茶属于半发酵茶类，品质特征是叶色青绿或边红中青，汤色橙黄或金黄。乌龙茶按产地不同分为福建乌龙茶、广东乌龙茶和台湾乌龙茶。其采制特点是采摘一定成熟度的鲜叶，经萎凋、做青、杀青、揉捻、干燥后制成，形成其品质的关键工序是做青。

福建乌龙茶依做青程度分为闽北乌龙茶与闽南乌龙茶两类。闽北乌龙茶发酵重，无包揉工序，条索壮结弯曲，色乌润，呈熟香型，汤色橙黄明亮，叶底三红七绿且红镶边显著，包含闽北水仙、武夷肉桂等多种，其中武夷岩茶具有独特“岩韵”。闽南乌龙茶发酵轻，有包揉工序，外形卷曲壮实，色砂绿润，香气清香细长，叶底绿叶红点或红镶边，有安溪铁观音、永春佛手等品种。

广东乌龙茶主制品种有岭头单丛、凤凰单丛等。岭头单丛条索紧结挺直，色黄褐油润，有自然花香、蜜味，汤色橙黄明亮。凤凰单丛初加工近闽北制法，外形直条紧结重实，色泽金褐或绿褐润，香型多样，滋味醇厚回甘且因名丛而异。

台湾乌龙茶主要品种有青心乌龙、金萱等，按发酵程度分为包种茶、冻顶乌龙与白毫乌龙。包种茶发酵最轻，接近绿茶，外形直条深翠绿带灰霜点，汤色蜜绿，有兰花清香。冻顶乌龙发酵稍重，外形半球形，色青绿带白毫，香兰花香与乳香交融。白毫乌龙发酵最重且鲜叶最嫩，外形茶芽肥壮、白毫显，色呈红、黄、白三色，汤色橙红，香花果香，滋味醇滑甘爽。

五、红茶类

红茶作为全发酵茶，以红汤红叶为显著品质特征，其制作历经萎凋、揉捻与发酵工序。依加工方法差异，可划分为工夫红茶、红碎茶、小种红茶三类。

小种红茶主要产于武夷山市星村镇桐木村一带，即正山小种，外地仿制者称为“人工小种”，正山小种品质最优。其外形粗壮肥实，色泽乌黑油润且有光泽，汤色鲜艳浓厚呈深金黄色，香气纯正高长并带有松烟香，滋味醇厚仿若桂圆汤味，叶底厚实呈古铜色。

工夫红茶依据产地分为滇红、祁红、宜红、宁红等多种。其中，滇红产自云南勐海等地，采用云南大叶种，依鲜叶嫩匀度分为特级至五级。其外形条肥壮重实且显锋苗，色泽乌润并显毫，香气嫩香浓郁兼具特殊地域香，滋味鲜浓醇且收敛性强，汤色红艳，叶底肥厚柔嫩、色红艳。祁红产于安徽祁门，以小叶种槠叶种为主，按鲜叶原料嫩匀度同样分为多级。其外形条索细紧挺秀，色泽乌润有毫，香气鲜嫩甜并带蜜糖香，滋味鲜醇嫩甜，汤色红艳，叶底柔嫩有芽且红匀明亮。

红碎茶依据产地与茶树品种不同，有四套加工标准，各设实物标准样，适用于不同地区。依国际市场品质规格要求及中国实际生产情况，分为叶茶、碎茶、片茶、末茶四个类型，各类型又细分多种花色。不同品种红碎茶品质有别，大叶种红碎茶（碎茶类）颗粒紧结重实，有金毫，色乌润或乌泛棕，香气高锐，汤色红艳，浓强鲜爽，叶底嫩匀厚实、红明亮；中小叶种红碎茶（碎茶类）颗粒紧卷，色乌润或棕褐，香气高鲜，汤色红亮，滋味鲜爽，尚浓欠强，叶底红匀明亮。不同类型大叶种红碎茶品质特征也不同，叶茶外形细条形，紧卷匀直，无碎片与末茶，色泽乌润，香气鲜爽，汤色红艳，滋味浓强，叶底嫩匀红亮；碎茶呈颗粒形，色泽乌润或泛棕，香气鲜爽，滋味浓强，汤色红亮，叶底嫩匀红亮；片茶为皱折片或木耳片形，色乌褐，香气尚纯，滋味尚浓，汤色尚红亮，叶底红匀尚明；末茶呈砂粒状，色泽乌黑或灰褐，香气纯正，滋味浓强，汤色红深尚明，叶底红匀尚亮。

六、黑茶类

黑茶依据加工方法与形状差异，可分为散装黑茶与压制黑茶两类。

散装黑茶，也称黑毛茶，涵盖湖南黑毛茶、湖北老青茶、四川做庄茶、广西六堡散茶以及云南普洱茶等。湖南黑毛茶鲜叶原料成熟度偏高，多由一芽四五叶乃至老叶构成，湖北老青茶原料成熟度更高，其鲜叶采制标准依茎梗皮色划分，一级茶以青梗为主且基部稍带红梗，二级茶以红梗为主顶部稍带青梗，三级茶为当年生红梗且不带麻梗。四川做庄茶通常采割当季或当年成熟新梢枝叶为原料。广西六堡散茶原料嫩度略高于上述黑毛茶，一般采摘一芽二三叶或一芽三四叶新梢。云南普洱茶原料嫩度相对较好，高档普洱茶以一芽二叶为主，中低档茶则以一芽二三叶及一芽三四叶为主。黑茶初制工艺包含鲜叶原料、杀青、揉捻、渥堆与干燥环节。其中，渥堆是将揉捻叶堆积，借助堆内湿热作用，去除部分涩味与粗老味，促使叶色由暗绿转变为黄褐，形成黑茶香味纯和、无粗涩气味，汤色橙黄，叶底黄褐或黑褐的品质特性。渥堆本质上属于后发酵过程，此乃黑茶品质区别于红茶与绿茶的核心要点。

压制黑茶是以湖南黑毛茶、湖北老青茶、四川毛庄茶与做庄茶、红茶片末等副产品、六堡茶、云南晒青毛茶、普洱茶等为原料，经整理加工后，采用汽蒸压制成型。依据压制形状不同，可分为多种类型，如砖形茶（包括茯砖茶、花砖茶、黑砖茶、老青砖、米砖茶、云南砖茶等）、枕形茶（如康砖茶和金尖茶）、碗臼茶（如普洱沱茶）、篓装茶（如六堡茶、方包茶）以及圆形茶（如饼茶、七子饼茶）。压制茶品质总体要求为外观形状与规格契合相应茶类标准，成型茶外形需平整，个体压制紧实或紧结，无起层脱面现象，压制茶纹清晰，茯砖茶还需砖内发花茂盛，且各压制茶色泽具备所属茶类的特征；内质方面要求香味纯正，无酸、馊、霉、异等不良气味，也无粗、涩等异味。

测试题目（填空题）

1. 唐朝人工栽培的茶树分布于今______、________、______、安徽、湖北、江西、浙江、江苏、贵州、福建、广东、广西等12个省区的42个州1个郡。

2. 中国国家一级茶区有四个，包括______、______、______和________，各有其独特的地理环境和茶叶特色。

3. 世界茶区可划分为东亚、东南亚、______、______、______、东非和南美七大茶区。

4. 依加工工艺及产品品质特征，可分为______、______、白茶、青茶、______和黑茶______大基本类型。

5. 绿茶是一种________茶，其品质特征为______。

6. 红茶作为________茶，以______为显著品质特征，其制作历经______、________与________等工序。

7. 青茶属于________类，品质特征是________________，汤色橙黄或金黄。

8. 黑茶依据加工方法与形状差异，可分为______黑茶与______黑茶两类。

项目二

评茶基础技能

【知识目标】

（1）熟知茶叶感官鉴评室环境、设施标准及各茶类鉴评用具规格。

（2）掌握评茶人员身体条件要求、各类茶鉴评方法流程。

【技能目标】

（1）能依标准构建、布置鉴评室，熟练操作各类鉴评用具。

（2）精准按流程鉴评各茶类外形、内质，判别品质。

【素养目标】

（1）培养严谨细致、遵循规范的工作态度。

（2）塑造实事求是、专业负责、注重积累的职业素养。

项目二　评茶基础技能

任务一　能辨识评茶基本条件

一、茶叶感官审评室的环境

外部环境条件：茶叶感官审评室应建立在环境清静，空气清新，远离闹市的地区，以避免嘈杂的环境和污浊的空气对感官审评人员感觉器官灵敏度的影响。

室内环境条件：感官审评室内应空气清新，无异气味，温度和湿度应使感官审评人员感觉适宜，室内安静，整洁，感官评茶对光线的要求较高，审评室的光线要充足明亮，均匀一致，无异色反光，审评室内的墙壁和天花板应刷成白色，使室内光线柔和明亮。

审评室应背南面北开窗，窗外无阻挡光线的障碍物。为避免夏天正午的强眩光的干扰，有条件的应在北窗口外，装置一排黑色斜斗形的遮光板，并向外突出，倾斜度为30°，以保持光线稳定，提高评茶的正确性。

二、茶叶感官审评室的设施

（一）评茶台分为干评台和湿评台

1. 干评台：是评定茶叶外形的工作台，一般高900mm，宽600mm，长度依实际需要而定，台面漆成无反射光的黑色，靠北窗口安放。

2. 湿评台：是评定茶叶内质的工作台，一般高850mm，宽450mm，长1500mm，台面漆成无反射光的乳白色，安放在干评台后1m左右。

（二）样茶柜架

审评室内可配置适当的样茶柜或样茶架，用于存放审评茶叶。

（三）审评用具

1. 评茶标准杯碗

白色瓷质，颜色组成应符合《中国颜色体系》（GB/T 15608—2006）中中性色的规定，要求N≥9.5。大小、厚薄、色泽一致。根据审评茶样的不同分为：

初制茶（毛茶）审评杯碗：杯呈圆柱形，高75mm，外径80mm，容量250mL。具盖，盖上有一小孔，杯盖上面外径92mm，与杯柄相对的杯口上缘有三个呈锯齿形的滤茶口，口中心深4mm，宽2.5mm。碗高71mm，上口外径112mm，容量440mL。

精制茶（成品茶）审评杯碗：杯呈圆柱形，高66mm，外径67mm，容量150mL。具盖，盖上有一小孔，杯盖上面外径76mm，与杯柄相对的杯口上缘有三个呈锯齿形的滤茶口，口中心深3mm，宽2.5mm。碗高56mm，上口外径95mm，容量240mL。

乌龙茶审评杯碗：杯呈倒钟形，高52mm，上口外径83mm，容量110mL。具盖，盖外径72mm。碗高51mm，上口外径95mm，容量160mL。

2. 评茶盘、匾

（1）评茶盘：用木板或胶合板制成方形，外围边长230mm，边高33mm。盘的一角开一缺口，缺口呈倒等腰梯形，上宽50mm，下宽30mm，涂以白色油漆，无气味。

（2）分样盘：用木板或胶合板制成，正方形。内围边长320mm，边高35mm，盘的相对两角开有缺口，涂成无反射光的乳白色。

（3）扦茶匾（盘）。

扦样匾：竹制，圆形，直径1000mm，边高30mm，供取样用。

扦样盘：木板或胶合板制，正方形，内围边长500mm，边高35mm。盘的一角开一缺口，涂以白色，无气味。

（4）叶底盘为黑色小木盘或白色搪瓷盘。小木盘为正方形，边长100mm，边高15mm。搪瓷盘为长方形，长230mm，宽170mm，边高30mm，一般供审评毛茶叶底用。

评茶盘和匾均需按需编上顺序号码。

3. 其他用具

（1）刻度尺：刻度精确到毫米______。

（2）网匙：不锈钢网制半圆形小勺子，捞取碗底沉淀的碎茶用______。

（3）茶匙：不锈钢或瓷匙，容量约10mL______。

（4）烧水壶：普通电热水壶，食品级不锈钢，容量不限______。

（5）茶筅：竹制，搅拌粉茶用。

审评用的杯碗、样茶盘、匾和叶底盘（漂盘）等的数量可根据日常评茶工作量的大小，置备充足。

图2-1　干茶审评（示例）

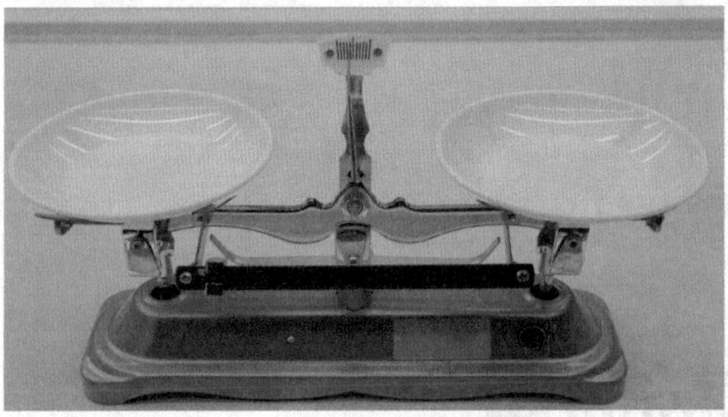

图2-2　天平

图2-3　茶样盘

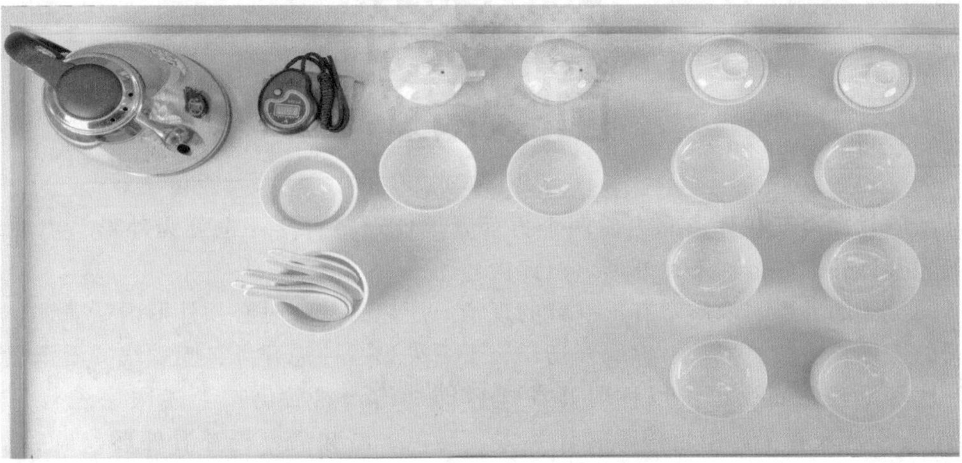

图2-4　内质审评用具（示例）

图 2-5　倒钟形审评用具

图 2-6　柱形杯审评用具

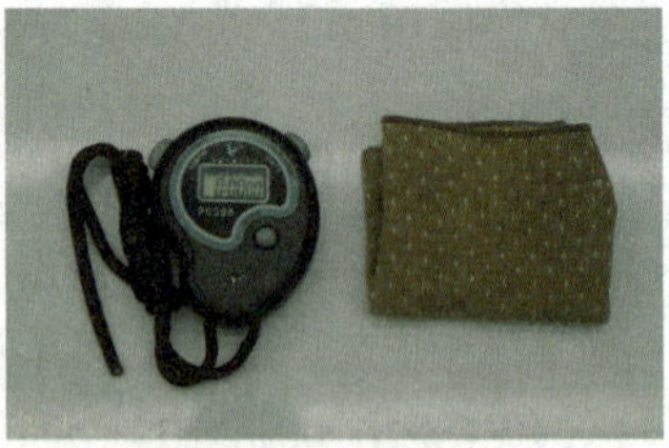

图 2-7　计时器和茶巾

三、评茶师的素质要求

（一）身体条件

（1）茶叶鉴评人员应获有“评茶员国家职业资格证书”，持证上岗。

（2）身体健康，视力 5.0 及以上，持“食品从业人员健康证明”上岗。

（3）鉴评人员开始鉴评前更换工作服，用无气味的洗手液把双手清洗干净，并在整个操作过程中保持洁净。

（4）在鉴评过程中不能使用化妆品，不得吸烟。

（二）素质与能力要求

1. 有良好的职业道德，能实事求是，秉公办事。

2. 有一定的学习能力和语言表达能力。

3. 具有相应的制茶专业基础理论和生产知识，注重制茶和评茶实践经验的积累。

任务二　能掌握评茶流程操作

茶叶鉴评实训

茶叶品质优次表现在外形和内质两个方面，因此，感官鉴评也分为外形、内质两个部分，一般先鉴评外形，俗称干评外形，湿评内质。

由于同类茶的外形、内质常有不一致的现象，所以，鉴评时必须外形内质兼评。

鉴评的次序，一般是把盘、称取开汤样、干看外形、冲泡开汤、嗅香气、看汤色、尝滋味、看叶底等顺序进行。也可以称取开汤样后即冲泡，然后仍按上述次序进行，如冲泡 5min 后，外形尚未看了，中暂停，转评香气、汤色、滋味后，再补看外形，最后看叶底，毛茶收购鉴评，在称取开汤样之前，还应先感官（或用水分电测仪）测定毛茶含水量。

图 2-8　把盘

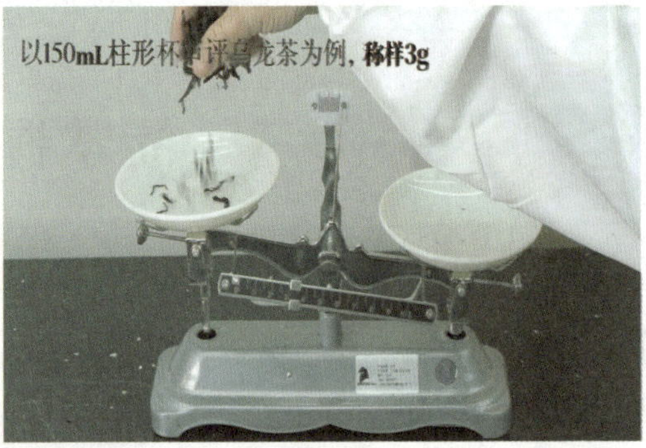

图 2-9　称取开汤样

图 2-10　温杯

图 2-11　冲泡开汤

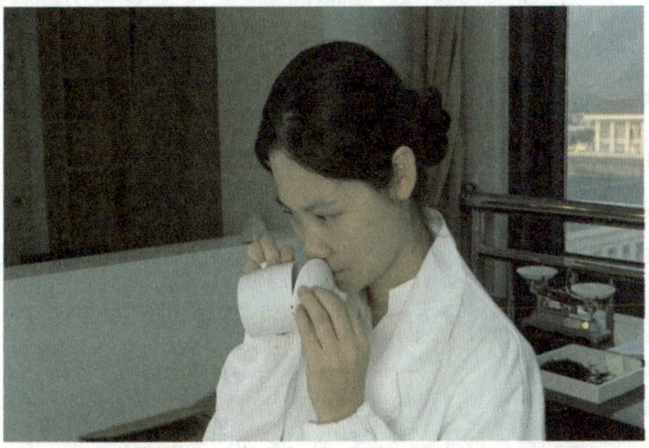

图 2-12　嗅香气

图 2-13　看汤色

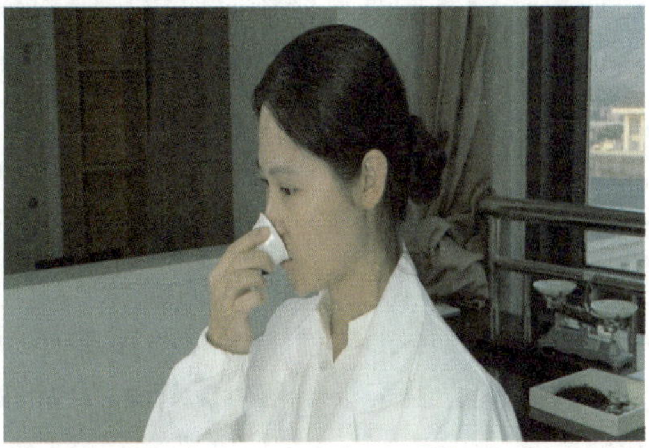

图 2-14　尝滋味

图 2-15　看叶底

任务三 能掌握各类茶的鉴评方法

一、外形评茶要点

干茶鉴评其形状、嫩度、色泽、整碎和净度。

紧压茶鉴评其形状规格、松紧度、匀整度、表面光洁度和色泽。分里茶、面茶的紧压茶，鉴评是否起层脱面，包心是否外露等。茯砖加评“金花”是否茂盛、均匀及颗粒大小。

二、内质鉴评方法

（一）汤色

茶汤鉴评其颜色种类与色度、明暗度和清浊度等。

目测鉴评茶汤，应注意光线、评茶用具等的影响，可调换鉴评碗的位置以减少环境光线对汤色的影响。

（二）香气

香气鉴评其类型、浓度、纯度、持久性。

一手持杯，一手持盖，靠近鼻孔，半开杯盖，嗅评杯中香气，每次持续2～3s，后随即合上杯盖。可反复1～2次。根据香气的鉴评内容判断香气的质量。并热嗅（杯温约75℃）、温嗅（杯温约45℃）、冷嗅（杯温接近室温）结合进行。

（三）滋味

茶汤鉴评其浓淡、厚薄、醇涩、纯异和鲜钝等。

用茶匙取适量（5mL）茶汤于口内，通过吸吮使茶汤在口腔内循环打转，接触舌头各部位，吐出茶汤或咽下综合鉴评滋味。鉴评滋味适宜的茶汤温度为50℃。

（四）叶底

叶底鉴评其嫩度、色泽、明暗度和匀整度（包括嫩度的匀整度和色泽的匀整度）。

精制茶采用黑色叶底盘，毛茶与乌龙茶等采用白色搪瓷叶底盘，操作时应将杯中的茶叶全部倒入叶底盘中，其中白色搪瓷叶底盘中要加入适当清水，让叶底漂浮起来。用目测、手感等方法鉴评叶底。

三、茶汤制备方法

（一）红茶、绿茶、黄茶、白茶、乌龙茶（柱形杯鉴评法）

取有代表性茶样3.0g或5.0g，茶水比（质量体积比）1∶50，置于相应的评茶杯中注满沸水、加盖、计时，按表2—1选择冲泡时间，依次等速滤出茶汤，留叶底于杯中，按汤色、香气、滋味、叶底的顺序逐项鉴评。

表 2—1　各茶类冲泡时间

茶类	冲泡时间/min
绿茶	4
红茶	5
乌龙茶（条形、卷曲形）	5
乌龙茶（圆结形、卷曲形、颗粒形）	6
白茶	5
黄茶	5

（二）乌龙茶（盖碗鉴评法）

沸水烫热评茶杯碗，称取有代表性茶样 5.0g，置于 110mL，倒入钟形评茶杯中，快速注满沸水，用杯盖刮去液面泡沫，加盖。1min 后，揭盖嗅其盖香，评茶叶香气，至 2min 沥茶汤入评茶碗中，评汤色和滋味。接着第二次冲泡，加盖，1～2min 后，揭盖嗅其盖香，评茶叶香气，至 3min 沥茶汤入评茶碗中，再评汤色和滋味。第三次冲泡，加盖，2～3min 后，评香气，至 5min 沥茶汤入评茶碗中，评汤色和滋味。最后闻嗅叶底香，并倒入叶底盘中，审评叶底。结果以第二次冲泡为主要依据，综合第一次、第三次，统筹评判。

（三）黑茶（散茶）（柱形杯审评法）

称取有代表性茶样 3.0g 或 5.0g，茶水比（质量体积比）1∶50，置于相应的审评杯中，注满沸水，加盖浸泡 2min，按冲泡次序依次等速将茶汤沥入评茶碗中，审评汤色、嗅杯中叶底香气、尝滋味后，进行第二次冲泡，时间 5min，沥出茶汤依次审评汤色、香气、滋味、叶底。结果汤色以第一次冲泡为主评判，香气、滋味以第二次冲泡为主评判。

（四）紧压茶（柱形杯审评法）

称取有代表性茶样 3.0g 或 5.0g 茶水比（质量体积比）1∶50，置于相应的审评杯中，注满沸水，依紧压程度加盖浸泡 2～5min，按冲泡次序依次等速将茶汤沥入评茶碗中，审评汤色、嗅杯中叶底香气、尝滋味后，进行第二次冲泡，时间 5～8min，沥出茶汤依次审评汤色、香气、滋味、叶底。结果以第二次冲泡为主，综合第一次冲泡进行评判。

（五）花茶（柱形杯审评法）

拣除茶样中的花瓣、花萼、花蒂等花类夹杂物，称取有代表性茶样 3.0g，置于 150mL 精制茶评茶杯中，注满沸水，加盖浸泡 3min，按冲泡次序依次等速将茶汤沥入评茶碗中，审评汤色、香气（鲜灵度和纯度）、滋味后，第二次冲泡 5min，沥出茶汤，依次审评汤色、香气（浓度和持久性）、滋味、叶底。结合两次冲泡综合评判。

（六）袋泡茶（柱形杯审评法）

取一茶袋置于 150mL 评茶杯中，注满沸水，加盖浸泡 3min 后揭盖上下提动袋茶两次（两次提动间隔 1min），提动后随即盖上杯盖，至 5min 沥茶汤入评茶碗中，依次审评汤色、香气、滋味和叶底。叶底审评茶袋冲泡后的完整性。

（七）粉茶（柱形杯审评法）

取0.6g茶样置于240mL的评茶碗中，用150mL的审评杯注入150mL的沸水，定时3min并用茶筅搅拌，依次审评其汤色、香气与滋味。

测试题目（简答题）

1. 请简述评茶的基本条件。

2. 请简述评茶的基本流程。

3. 请简述评茶的外形鉴评要点。

4. 请简述评茶的内质鉴评要点。

5. 请分点介绍茶汤的制备方法。

模块二·技能巩固篇

项目三

评茶师职业岗位之样品室建设

【知识目标】

（1）全面掌握茶叶包装知识及茶样扦取方法。

（2）熟知样品室建设选址、设备规划及环保要点。

【技能目标】

（1）精准选择茶叶包装材质，正确扦取茶样。

（2）高效构建及装备样品室，适配多种场景需求。

【素养目标】

（1）培育严谨细致、科学规范的作业态度。

（2）塑造担当创新、敬业专业的职业素养。

评茶师职业岗位之样品室建设

任务一　样品室的规划建设

【核心概念】

（1）样品室：用于贮存和分样的茶叶样品留存室。

（2）样品室设备：包括温度计、湿度计、去湿机等。

（3）样品柜的类别：木质、铁制等。

【学习目标】

（1）能合理选址样品室的建设位置，展现环保与可持续发展的责任担当。

（2）能配备样品室所用设备，弘扬敬业专注的职业精神。

（3）能完成样品室设备合理规划及建设工作，培养创新能力。

（4）具备根据不同实训场景及企业需求构建茶叶感官实训室、样品室的能力。

一、基本知识

（1）要求：样品室宜紧靠鉴评室，但应与之隔开，以防止互相干扰。室内应整洁、干燥、无异味。门窗应挂暗帘，室内温度宜≤20℃，相对湿度宜≤50%。

（2）应配备以下设施：

①合适的样品柜；

②温度计、湿度计、空调和去湿机；

③需要可配备冷柜或冰箱，用于实物标准样及具体代表性实物参考样的低温贮存；

④制备样品的其他必要设备：工作台、分样器（板）、分样盘、天平、茶罐等；

⑤照明设施和防火设备。

详细内容可参考 GB/T 18797—2012《茶叶感官鉴评室基本条件》，扫取二维码，获取相关内容。

二、能力训练

（一）训练条件

PPT、课件、铅笔、橡皮、尺子。

（二）训练目的

（1）进一步加深学生对专业茶叶感官鉴评室中样品室必要设备及配备条件的掌握；

（2）通过模拟购置茶叶感官鉴评室中的样品室设备，进一步了解市场及茶叶感官鉴评室各种设备的标准要求。

（三）要求形式

（1）通过现场资料查找及资料汇集，按照情景中的规划要求快速绘制出茶叶样品室规划效果图（表 3-1）；

（2）进行模拟购置设备计划撰写，通过设备的价格、数量、规格要求、图片及采购通道做全面的模拟训练。

（四）训练步骤

（1）5～6 人一组，其中一名学员担任组长，负责组织其余学员的课堂秩序，学习中进行拍照，收集组内不同学员的茶叶样品室规划图，使茶叶样品室基本达到标准要求。

（2）每组根据组内分工及各自所长进行茶叶样品室规划设计，并列出预案及预算。

（3）各组组长进行讲解自身设计的规划图并进行利弊分析。

（4）每组完成后，其他学员对其通过线上工具进行评价和补充完善。

表 3-1　茶叶样品室规划效果图

样品室效果图	
建设说明	
预算	

三、训练评价

评价内容具体见表3-2。

表3-2 训练评价细目表

序号	评价内容	评价明细
1	合理性（20分）	（1）所有设备布局合理，扣0分 （2）所有设备布局尚合理，扣1～5分 （3）所有设备布局欠合理，扣6～10分
2	规范性（20分）	（1）设备数量、规格等具备规范性，扣0分 （2）设备数量、规格等尚具规范性，扣1～5分 （3）设备数量、规格等欠规范，扣6～10分
3	适用性（20分）	（1）所规划的设备及用具具备适用性，扣0分 （2）所规划的设备及用具尚具备适用性，扣1～5分 （3）所规划的设备及用具欠具备适用性，扣6～10分
4	协调性（20分）	（1）图标运用合理，具有协调性，扣0～5分 （2）图标运用尚合理，稍具有协调性，扣6—10分 （3）图标运用欠合理，不具有协调性，扣11～15分
5	性价比（20分）	（1）预算与比例合理，预算控制在0.5万～1万元，性价比稍高，扣0～5分 （2）预算与比例尚合理，预算控制在1万～5万元，性价比稍高，扣5～10分 （3）预算与比例欠合理，预算超过5万元，性价比差，扣11～20分
合计		100分

评价结果填入表3-3。

表3-3 训练评价表

序号	评价内容	自评30%	组间互评30%	教师评分40%	实际得分
1	合理性 （20分）				
2	规范性 （20分）				
3	适用性 （20分）				
4	协调性 （20分）				
5	性价比 （20分）				
合计					

四、应用情景

情景一

如果你是刚刚上岗的茶叶评茶师，进入一家专做黑茶或普洱茶的茶叶企业，正值企业更新升级，需要对企业的样品室进行重新规划和调整。

在规划过程中，要始终坚守诚信原则，确保所规划的样品室既能满足日常调品需求，又能满足日常产品陈列归档。以精益求精的态度对待每一个细节，传承和弘扬中华民族传统的工匠精神，为企业打造高品质的样品室。

同时，要树立创新意识，积极引入先进的管理理念和技术手段，提升样品室的功能性和效率。秉持绿色环保理念，在材料选择和空间利用上注重可持续发展，减少资源浪费。根据以上情景，合理进行样品室规划工作。

情景二

如果你是跟着富有经验的茶叶评茶师在一家生产红茶和绿茶及乌龙茶的茶叶加工厂进行茶叶加工厂样品室规划与调整。

在规划和调整过程中要树立绿色发展理念，在材料选择、空间利用等方面注重环保和可持续发展，要求样品室既能满足日常样品陈列需求，同时应该考虑每个批次和样品的使用归档及鉴评情况及等级分类，请根据要求进行茶叶样品室合理规划。

五、问题情况

1. 应该如何进行选址及进行布局？

____

____

____

2. 又该如何进行基本条件建设？

____

____

____

3. 应该如何考虑样品室的合理、规范、适用及协调性？

____

____

____

六、课后作业

1. 根据茶叶样品室的规划要求，进行模拟购置茶叶感官鉴评室设备实训作业。
2. 请列举不同场景进行茶叶样品室规划的要点。

课后笔记：

____

____

____

任务二　各类茶的取样并进行缩分茶样操作

【核心概念】

（1）取样：是指从大堆（批）样品中取出一定数量具有代表性的样品，在样品数量小的情况下，往往采用一次随机取样法。

（2）取样条件：取样工作环境应满足食品卫生的有关规定，防止外来杂质混入样品。样品用具和盛器（包装袋）应符合食品卫生的有关规定，即清洁、干燥、无锈、无异味；盛器包装袋应能防尘、防潮、避光。

（3）分样：是把大堆茶样进行均匀缩分，达到鉴评所需的茶叶数量。

（4）四分法缩分茶样：对混匀茶样先通过“+”或者“×”，将茶样分为数量相当的 4 份，再分取相对的 2 份。如此重复进行缩分，直至获得需要的茶样。

【学习目标】

（1）具有独立完成茶样扦取的工作能力，在工作中认真负责，确保扦取结果客观准确，为茶叶质量评估提供可靠依据。

（2）掌握茶样扦取的三种方法。

一、基本知识

（一）取样方法

（1）匀堆取样法：是指将茶叶匀堆后从堆的不同部位扦取不少于八个点的茶样。

（2）就件取样法：是指从每件茶样的上中下左右共五个部位各扦取适宜茶量倒入扦样匾（盘）后鉴评茶样品质是否一致，如果存在差异，则需将该件茶样倒出充分均样后再扦取鉴评茶样。

（3）随机取样法：是指大批检验过程中抽取规定件数，随机抽件后按照就件法进行扦取茶样的方法。

表 3-4　茶取样方法

件数（件）	取件数（件）
1～5	1
6～50	2
50 件以上，每增加 50 件	增取 1 件
500 件以上，每增加 100 件	增取 1 件
1000 件以上，每增加 500 件	增取 1 件
—	—

注：详细内容可参考 GB/T　8302—2013　《茶取样》，获取相关内容。

（二）分样器具

（1）分样盘：木板或胶合板制，正方形，内围边长 320mm，边高 35mm，盘的两端各开一缺口，涂以白色，无气味。

（2）分样器：木制或食品级不锈钢制，由 4 个或 6 个边长 120mm、高 250mm 的正方形组成长方体分样器的柜体，4 脚，高 200mm，上方敞口、具盖，每个正方形的正面下部开一个 90mm×50mm 的口子，有挡板，可开关。

二、能力训练

（一）训练条件

开箱器、取样铲、有盖的专用茶箱、塑料布、分样器、茶样罐、包装袋、其他适用于取样的工具。

（二）训练目的

（1）进一步加深学生对专业茶叶扦取茶样、分样的掌握；

（2）具备茶叶的专业取样技术要求。

（三）要求形式

通过现场动手实操，进行茶叶扦取的工作。

（四）训练步骤

（1）5～6 人一组，其中一名学员担任组长，现有一批茶样，轮流进行动手实操取样，在学习过程中，请以科学严谨的态度收集组内不同学员的实操照片，检查各成员手法是否达到标准要求。大家秉持互助共进精神，共同提升实操技能，培养良好的职业素养和道德操守。

（2）各组组长讲解时，需客观公正、勇于担当，引领小组不断进步，弘扬精益求精的工匠精神。

表 3-5 鉴评取样考核记录表

取样克数/g	第一次称茶量/g	第二次称茶量/g	第三次称茶量/g	备注
3				
5				
……				

三、训练评价

表 3-6 训练评价细目表

序号	评价内容	评价明细
1	规范性（50 分）	（1）熟练运用取样手法（20 分）： 熟练运用取样手法满分；熟练程度一般扣 10～15 分；不熟练扣 15～20 分； （2）合理运用各种器皿（20 分）： 合理运用各种器皿满分；一般合理扣 5～15 分；不合理扣 15～20 分； （3）使用器皿是否干净（6 分）： 使用器皿干净满分（10 分）；一般干净扣 1～6 分；不干净扣 6～10 分
2	稳定性（50 分）	每次称茶相差量数 （1）第一次和第二次相差 0.1g 以内满分，不扣分； （2）第二次和第三次相差 0.1～0.3g，扣 10～30 分； （3）第三次和第四次相差 0.3g 以上，扣 30 分以上
合计		

表 3-7 训练评价表

序号	评价内容	自评 30%	组间评分 30%	教师评分 40%	实际得分
1	规范性（50 分）				
2	稳定性（50 分）				
合计					

四、应用情景

情景一

如果你是刚刚上岗的茶叶评茶师，进入一家做黑茶、乌龙茶等批发的茶叶企业，正值企业采购一批新茶，需要对这批茶叶进行鉴评。请牢记，每一次的鉴评都关系到企业的声誉和消费者的利益，要以高度的责任心和使命感对待这项工作，请以实事求是的态度、专业的技能和严谨的方法负责这批茶叶的鉴评取样。

情景二

假如你是茶厂的一名制茶师，将出口一批红茶，需要对这批茶叶进行质检，要求你负责这批茶叶的鉴评的取样分样。请严格按照标准流程进行取样分样，确保每一个样品都能真实反映这批茶叶的整体质量。

五、问题情况

1. 应该如何进行缩分茶样取样？

____

____

____

2. 茶叶取样需要准备什么器具？

____

____

____

3. 应该如何进行缩分茶样？

____

____

____

4. 茶叶分样需要哪些设备？

____

____

____

六、课后作业

1. 茶叶鉴评取样和分样的操作方法和步骤。
2. 茶叶鉴评取样的环境应该具备什么样的条件？
3. 茶叶鉴评的抽取数量和方法是怎样的？

课后笔记：

任务三　茶叶包装要求及检查茶样包装存在的问题

【核心概念】

（1）茶叶包装的概念。
（2）茶叶包装的形式：袋、盒、罐。
（3）茶叶包装材料类别：纸、竹木、金属与陶瓷、塑料薄膜。

【学习目标】

（1）能够掌握茶叶包装知识。
（2）能够合理选择包装茶叶的材质。
（3）能够分析现有茶叶包装的利弊并进行指导改进。

一、基本知识

（一）茶叶的包装材料

目前，适合茶叶包装的材料有很多，主要有纸、塑料薄膜、金属与陶瓷三类，还有少量竹、木的工艺包装。茶叶的包装材料与其他食品的包装材料一样，材料质地和包装设计的研究发展很快。特别是各种复合材料的应用，如纸塑复合、塑铝复合等。其目的：一是经济、卫生，既要价格便宜，又要符合国家有关卫生要求；二是保质、保鲜，既要防潮，也要考虑防止各种气体和微生物进入。

从包装的形式看，主要有袋、盒、罐三种。

对茶叶包装材料的具体要求，可参照《茶叶销售包装通用技术条件》（SB/T 10035）的规定执行。该标准规定了茶叶销售包装的形式与材料的技术要求、容器的基本要求、贮运条件、试验方法和检验规则，并且适用于中国各种茶叶的销售包装。

（二）茶叶包装类型

几种常用茶叶包装方式，如表 3-8。

表 3-8　茶叶包装类型表

材料	类型	相关情况
纸质包装材料	种类	草纸、厚绵纸、网络纸、手工薄棉纸、机器薄纸、外包薄油纸（黄、白）等
	特点	柔韧性好、透气性强、能吸异味、防虫蛀、能长期保存、便宜、环保等
	拓展	纸盒包装、牛皮纸纸袋
塑料薄膜包装	类型	PP 塑袋、PE 塑袋、HDPE、LDPE、PVA 塑袋、CPP 塑袋、复合袋、共挤袋
	成分	合成树脂、填料、增塑剂、稳定剂、着色剂、润滑剂、抗氧剂等
	缺点	不避光，透香气，透水气，时间长了会使茶叶霉变，有异味。叶绿素和其他成分会发生光催化反应
铝箔/塑料膜或铝箔/纸	类型	PE/Al/PE 复合膜、纸/Al 复合袋
	成分	聚乙烯膜、纸、铝箔等
	优点	可避光，阻隔水汽、阻隔氧气，可以长期保存高香型茶叶
金属	优点	防破损、防潮、密封性优异
	缺点	铁有金属异味，同时时间长了容易被氧化，不能长期保存茶叶
陶瓷	优点	防潮、保味、透气性好、密闭性良好
	缺点	昂贵、易碎
竹木	优点	利于普洱茶后期转化（竹壳包装）、环保、透气、避光、价格低等
	缺点	防潮性低、易受虫蛀等

（三）茶叶包装应标注的内容

茶叶包装属于食品包装，标注的内容应符合《食品安全国家标准 预包装食品营养标签通则》（GB 28050—2025）。一般应包括茶叶名称、配料表（如茶叶中拼有菊花、桂花等，必须标明配料表）、净含量、制造者和经销者的名称和地址、生产日期、保质期或/和保存期、质量（品质）等级、产品标准号、特殊标注内容（如辐照食品或经辐照的任何配料，应加以说明）。

二、能力训练

（一）训练条件

包装材料、剪刀、胶纸、封口机、茶叶罐（袋装）。

（二）训练目的

（1）进一步了解到各茶类适合什么材质的包装的掌握；

（2）通过学习提升对产品包装的美化，促进下一步的销售。

（三）要求形式

通过现场动手包装茶叶，按照情景中的规划要求快速包装出茶商品，班级内进行包装成品的合理、美化进行评比。

（四）训练步骤

（1）5～6人一组，其中一名学员担任组长，负责组织其余学员的课堂秩序，学习中进行拍照，收集组内不同学员的茶叶包装成品图，使茶叶包装成品达到标准要求。

（2）每组根据组内分工及各自所长进行茶叶包装，并列出预案及预算。

三、训练评价

表3-9 训练评价细目表

序号	评价项目	评分要点	分值
1	美观性	色彩搭配和谐、视觉吸引力强、造型新颖独特	25分
2	规范性	符合行业标准规范、标注信息完整准确、制作工艺规范	25分
3	协调性	整体风格统一协调、各部分比例协调、与使用场景适配	30分
4	性价比	性能与价格匹配度高、成本控制合理、长期使用价值高	20分
总分			100分

表 3-10　训练评价表

序号	评价内容	自评 30%	组间评分 30%	教师评分 40%	实际得分
1	美观性（25 分）				
2	规范性（25 分）				
4	协调性（30 分）				
5	性价比（20 分）				
合计					

四、应用情景

情景一

如果你是刚刚上岗的茶叶评茶师，进入一家茶叶企业，正值企业更新升级阶段，需要对茶叶产品进行升级调整，以更好地满足市场需求，现你需要与团队一起对原有产品进行包装设计及升级改造工作。要求符合最新产品标准要求，扩大市场需求。

情景二

你是具有一定经验的茶叶评茶师，现在企业开发了一款全新产品，你作为项目成员，需要对产品的包装提供专业性的指导意见，请从专业角度出发，对全新产品的包装进行关键要点的提出。

五、问题情况

1. 应该如何进行包装材料的选择？

____

____

____

2. 各茶类适合的茶叶包装包括哪些？

____

____

____

3. 茶叶包装中主要需要考虑哪些因素？

六、课后作业

1. 根据一款全新普洱茶或白茶产品进行茶叶包装的要点及产品设计。
2. 根据一款全新红茶或绿茶产品进行茶叶包装的要点及产品设计。

课后笔记：

项目四

评茶师职业岗位之相关标准

【知识目标】

（1）熟知借实物标准样认知茶叶等级及存放要求。

（2）掌握国家茶叶标准及各茶类鉴评标准号知识。

【技能目标】

（1）能精准比对实物样把握茶叶档次水平。

（2）熟练依照鉴评标准精准开展茶叶鉴评工作。

【素养目标】

（1）养成严谨规范、尊重标准的从业态度。

（2）塑造精准专业、依规行事的职业素养。

评茶师职业岗位之相关标准

任务一　能根据不同茶类选择相应的文字标准

【核心概念】

（1）标准的概念：标准是对重复性事情和概念所做的统一规定，是衡量人或事物的依据或准则。

（2）标准的基本特性：标准对象的特定性；标准制定依据的科学性；标准的本质特征是统一性；标准的法规特性。

（3）标准体系：分为国家标准、行业标准、地方标准、团体标准与企业标准。

【学习目标】

(1) 学习根据国家茶叶标准进行标准样相关知识。

(2) 能了解到关于各大茶类相对应的鉴评标准号。

(3) 能根据茶叶鉴评标准进行茶叶鉴评。

一、基本知识

(一) 茶叶标准

标准是企业生产、加工、贸易、检验和管理部门共同遵守的准则、规范和依据。

(1) 国家标准：全国范围内统一技术要求的标准。国家标准代号为 GB 或 GB/T，其含义为强制性标准和推荐性标准。

(2) 行业标准：对于没有国家标准而又需要在全国一个行业范围内统一技术要求而制定的标准。行业标准代号：如农业－NY、轻工－QB 等。

(3) 地方标准：对没有国家标准和行业标准而又需要在省、自治区、直辖市范围内统一要求，可以制定地方标准。一般由标准化行政主管部门统一制定。标准代号为 DB。

(4) 团体标准：由本团体成员约定采用或者按照本团体的规定供社会自愿采用的标准。标准代号为 T。

(5) 企业标准：由企业制定，企业标准是企业组织生产和经营活动的依据，是企业科学管理的基础。标准代号为 Q，有效期 3 年。

(二) 茶叶鉴评相关标准

1. 通用标准

表 4-1 通用标准

序号	标准号	标准名称
1	GB 13121－1991	陶瓷食具容器卫生标准
2	GB 5749－2006	生活饮用水卫生标准
3	GB 7718－2011	预包装食品标签通则
4	GB 14881－2013	食品安全国家标准 食品生产通用卫生规范
5	GB/T 191－2008	包装储运图示标志
6	GB/T 24614－2009	紧压茶原料要求
7	GB/T 24615－2009	紧压茶生产加工技术规范
8	GH/T 1070－2011	茶叶包装通则
9	GB/T 18797－2012	茶叶感官鉴评室基本条件
10	GB/T 18795－2012	茶叶标准样品制备技术条件
11	GB/T 8302－2013	茶取样
12	GB/T 30375－2013	茶叶贮存

续表

序号	标准号	标准名称
13	GB/T 8311—2013	茶粉末和碎茶含量测定
14	GB/T 30766—2014	茶叶分类
15	GB/T 32743—2016	白茶加工技术规范
16	GB/T 14487—2017	茶叶感官鉴评术语
17	GB/T 33915—2017	农产品追溯要求　茶叶
18	GB/T 34779—2017	茉莉花茶加工技术规范
19	GB/T 23776—2018	茶叶感官鉴评方法
20	GB/T 35863—2018	乌龙茶加工技术规范
21	GB/T 35810—2018	红茶加工技术规范
22	GB/T 39562—2020	台式乌龙茶加工技术规范
23	GB/T 39592—2020	黄茶加工技术规范
24	GB/T 40633—2021	茶叶加工术语

2. 绿茶鉴评相关标准

表 4-2　绿茶鉴评相关标准

序号	标准号	标准名称
1	GB/T 14456.1—2017	绿茶第 1 部分：基本要求
2	GB/T 14456.2—2018	绿茶第 2 部分：大叶种绿茶
3	GB/T 14456.3—2016	绿茶第 3 部分：中小叶种绿茶
4	GB/T 14456.4—2016	绿茶第 4 部分：珠茶
5	GB/T 14456.5—2016	绿茶第 5 部分：眉茶
6	GB/T 14456.6—2016	绿茶第 6 部分：蒸青茶

3. 红茶鉴评相关标准

表 4-3　红茶鉴评相关标准

序号	标准号	标准名称
1	GB/T 13738.1—2017	红茶第 1 部分：红碎茶
2	CB/T 13738.2—2017	红茶第 2 部分：工夫红茶
3	CB/T 13738.3—2012	红茶第 3 部分：小种红茶

4. 乌龙茶鉴评相关标准

表 4-4　乌龙茶鉴评相关标准

序号	标准号	标准名称
1	GB/T 30357.1—2013	乌龙茶第 1 部分：基本要求
2	GB/T 30357.2—2013	乌龙茶第 2 部分：铁观音
3	GB/T 30357.3—2015	乌龙茶第 3 部分：黄金桂
4	GB/T 30357.4—2015	乌龙茶第 4 部分：水仙
5	GB/T 30357.5—2015	乌龙茶第 5 部分：肉桂
6	GB/T 30357.6—2017	乌龙茶第 6 部分：单丛
7	GB/T 30357.7—2017	乌龙茶第 7 部分：佛手
8	GB/T 30357.9—2020	乌龙茶第 9 部分：白芽奇兰
9	GB/T 30363—2020	台式乌龙茶

5. 黑茶及其紧压茶鉴评相关标准

表 4-5　黑茶及其紧压茶鉴评相关标准

序号	标准号	标准名称
1	GB/T 32719.1—2016	黑茶第 1 部分：基本要求
2	CB/T 32719.2—2016	黑茶第 2 部分：花卷茶
3	GB/T 32719.3—2016	黑茶第 3 部分：湘尖茶
4	GB/T 32719.4—2016	黑茶第 4 部分：六堡茶
5	GB/T 32719.5—2018	黑茶第 5 部分：茯茶
6	GB/T 9833.1—2013	紧压茶第 1 部分：花砖茶
7	GB/T 9833.2—2013	紧压茶第 2 部分：黑砖茶
8	GB/T 9833.3—2013	紧压茶第 3 部分：茯砖茶
9	GB/T 9833.4—2013	紧压茶第 4 部分：康砖茶
10	GB/T 9833.5—2013	紧压茶第 5 部分：沱茶
11	GB/T 9833.6—2013	紧压茶第 6 部分：紧茶
12	GB/T 9833.7—2013	紧压茶第 7 部分：金尖茶
13	GB/T 9833.8—2013	紧压茶第 8 部分：米砖茶
14	GB/T 9833.9—2013	紧压茶第 9 部分：青砖茶

6. 白茶鉴评相关标准

表 4-6　白茶鉴评相关标准

序号	标准号	标准名称
1	GB/T 22291—2017	白茶
2	GB/T 31751—2015	紧压白茶

7. 黄茶及其他茶鉴评相关标准

表 4-7　黄茶及其他茶鉴评相关标准

序号	标准号	标准名称
1	GB/T 21726—2018	黄茶
2	GB/T 21733—2008	茶饮料
3	GB/T 31730.1—2015	茶制品第 1 部分：固态速溶茶
4	GB/T 31730.2—2015	茶制品第 2 部分：茶多酚
5	GB/T 31730.3—2015	茶制品第 3 部分：茶黄素
6	GB/T 34778—2017	抹茶
7	GB/T 22292—2017	茉莉花茶
8	GB/T 24690—2018	袋泡茶

8. 部分地理标志产品标准

表 4-8　部分地理标志产品标准

序号	标准号	标准名称
1	GB/T 18745—2006	地理标志产品　武夷岩茶
2	GB/T 20354—2006	地理标志产品　安吉白茶
3	GB/T 19598—2006	地理标志产品　安溪铁观音
4	GB/T 20350—2006	地理标志产品　乌牛早
5	GB/T 20605—2006	地理标志产品　雨花茶
6	GB/T 21003—2007	地理标志产品　庐山云雾茶
7	GB/T 22111—2008	地理标志产品　普洱茶
8	GB/T 18650—2008	地理标志产品　龙井茶

续表

序号	标准号	标准名称
9	GB/T 18665—2008	地理标志产品　蒙山茶
10	GB/T 19460—2008	地理标志产品　黄山毛峰
11	GB/T 19691—2008	地理标志产品　狗牯脑茶
12	GB/T 19698—2008	地理标志产品　太平猴魁茶
13	GB/T 21824—2008	地理标志产品　永春佛手
14	GB/T 22109—2008	地理标志产品　政和白茶
15	GB/T 22737—2008	地理标志产品　信阳毛尖茶
16	GB/T 24710—2009	地理标志产品　坦洋工夫红茶
17	GB/T 26530—2011	地理标志产品　崂山绿茶

二、能力训练

（一）训练条件

PPT、课件、网络、电子设备、网络测试、各类标准茶叶6～7个。

（二）训练目的

（1）进一步加深学生对茶类选择相应的文字标准的掌握；

（2）通过多次小测及总结训练深入了解茶叶标准。

（三）要求形式

（1）通过现有资料现场查找及资料汇集，找出茶叶鉴评标准。

（2）通过了解茶叶标准进而了解各个茶叶的鉴评要求和检验方法。

（四）训练步骤

（1）平均分为6组，其中一名学员担任组长，负责组织其余学员的课堂秩序，分配“通用标准”“红茶”“绿茶”“乌龙茶”“黑茶”“白、黄及其他茶”与“地标产品”等小组进行现场资料整理，然后进行小组间分享学习，制作成PPT进行分享学习。

（2）各组根据抽签到的组别选取代表茶样进行鉴评，并进行总结，其他小组准备1～2个相关问题进行提问。

（3）实训结束后，各组进行总结，各小组之间互动交流。

表 4-9　对照标准鉴评茶叶品质报告单

茶名	对照标准	外形				内质			
		形状	色泽	整碎	净度	香气	汤色	滋味	叶底
分数									
分数									

三、训练评价

表 4-10　训练评价细目表

序号	评价内容	评价明细
1	用具准备（20 分）	（1）鉴评杯碗选配正确，准备齐全、摆放位置正确扣 0 分； （2）杯碗选配欠正确扣 1～8 分；准备欠齐全扣 1～8 分； （3）杯碗摆放位置欠正确扣 1～8 分；该项操作错误最多扣 20 分
2	规范性（20 分）	（1）茶样判别全部正确扣 0 分；茶类判别不正确，每个扣 5 分； （2）茶样品类花色判别不正确，每个扣 5 分； （3）该项错误最多扣 20 分
3	术语应用（30 分）	（1）全面应用术语，表述准确扣 0 分；表述尚正确扣 1～5 分； （2）部分应用术语，少数不正确扣 9～12 分； （3）少数应用术语，且部分不正确扣 15～20 分； （4）茶术语模糊，扣 25～30 分；该项错误最多扣 30 分
4	小组协作（25 分）	（1）分工明确，高效完成，不扣分； （2）分工尚明确，团队沟通尚顺畅，扣 6～10 分； （3）分工不明确，团队沟通欠顺畅，扣 11～25 分
5	时间（5 分）	误差 8min（含），扣 1 分； 误差 5～8min（含），扣 2 分； 超过 8min，扣 5 分。其他因素扣分

表 4-11 训练评分表

序号	评价内容	自评 30%	组间互评 30%	教师评分 40%	实际得分
1	用具准备（20 分）				
2	规范性（20 分）				
3	术语应用（30 分）				
4	小组协作（25 分）				
5	时间（5 分）				
合计					

四、应用情景

情景一

你是一名专业评茶师，现在正在举办某地春茶品鉴大赛，请运用所学专业知识及相关标准，在茶叶评比活动中，参照标准对参赛茶叶进行打分和排名，并展示专业严谨的职业素养。

情景二

你所在的公司是做国际茶叶贸易的，茶叶标准主要应用在国内外的茶叶贸易中，买卖双方根据统一的茶叶标准来确定茶叶的等级、价格和交易条件，减少贸易纠纷。现在请根据相关标准，按照进口国的茶叶标准组织生产和供货，确保产品能够顺利地进入目标市场。

五、问题情况

1. 简述茶叶标准的分类。

2. 应该如何制定企业标准？

六、课后作业

1. 请登录“全国茶叶标准化技术委员会”网站，查询茶叶鉴评相关标准。

2. 分析各茶叶鉴评相关标准的应用。

课后笔记：

任务二　制备相应的茶叶标准样

【核心概念】

（1）茶叶标准样：在现代标准中，标准样品是实施文字标准的重要技术基础，是标准化工作中不可或缺的组成部分。

（2）实物标准样作用：在茶叶标准样的衡量下，干湿兼评，内外并重，能更好地看出茶叶之间的不同。

（3）实物标准样分类：毛茶标准样、加工标准样和贸易标准样三类。

【学习目标】

（1）能通过实物标准样了解到茶叶的等级设定。

（2）熟悉各种实物标准样的档次和水平。

（3）实物标准样的存放环境要求。

一、基本知识

（一）准备实物标准样的目的

茶叶的实物标准样是正确评定茶叶品质好与差的依据，是用来衡量茶叶品质高低的一把标尺，有了这把标尺，并通过细致的比较才能准确地鉴别茶叶品质的优劣和等级高低。

（二）中国相关茶叶标准样

主要有毛茶标准样、加工标准样和贸易标准样三类。

1. 毛茶标准样

毛茶标准样又称毛茶收购实物标准样，是收购毛茶的质量标准，是对样评茶，正确评定毛茶等级及价格的实物依据。中国毛茶收购标准样始于 1953 年，原则上以精制率为分界线进行等级划分，以 1954 年红茶标准样为例，见表 4-12。

表 4-12　红茶标准样

级别	精制率	等级					
一级	85%	一等	二等	三等（标准样）	四等	五等	六等
二级	80%以上	七等	八等	九等（标准样）	十等	十一等	—
三级	75%	十二等	十三等（标准样）	十四等	—	—	—
四级	70%	十五等	十六等（标准样）	十七等	—	—	—
五级	65%	十八等	十九等（标准样）	—	—	—	—

2. 加工标准样

加工标准样又称加工验收统一标准样，是毛茶加工成各种外销、内销、边销成品茶时对样加工，使产品质量规格化的实物依据，也是成品茶交接验收的主要依据。中国加工标准样始于 1953 年，直至 20 世纪 80 年代，标准样体制被打破，直至进入 90 年代，新的文字标准才逐步建立完善。原实施期间，外贸加工标准样由外贸主管部门审查核定，内销茶、边销茶加工标准样由产方提出，经销商统一制定，使用一定时间后进行换配，有绿茶、乌龙茶、花茶、紧压茶、工夫茶、红碎茶等加工标准样。

3. 贸易标准样

专指对外贸易标准样，是国际茶叶贸易中成交计价和货物交接的实物依据。贸易标准样是 1954 年建立的，最先建立的有珍眉、贡熙、珠茶、雨花等外销绿茶，继而建立了外销红茶及特种茶等。每一类茶按花色分为若干级别，编制固定的号码为其茶号，故而也称“号码茶”。直至目前仍然沿用。见表 4-13。

表 4-13　贸易标准样

标准样	类别		相关茶号等
红茶	工夫红茶	地名工夫	云南工夫、祁门工夫、四川工夫、宜红工夫、湖红工夫、白琳工夫、坦洋工夫等
			政和工夫一至七级：8910、8920、8930、8940、8950、8960、8970
			正山小种一至四级：8310、8320、8330、8340
		中国工夫（混合工夫）	华东：1010、1011、1012、1013
			中南：2010、2011、2012、2013
			西南：3010、3011、3012、3013
	红碎茶		叶茶：32731、59576、3100
			碎茶：6110、3300、7801、18641、4301、6399
			片茶：96972、7337、3707、6642 等
			末茶：97718、97751、9551 等
绿茶	珍眉		特级珍眉特珍特级、一级、二级：41022、9371、9370
			珍眉一至四级：9369、9368、9367、9366
	珠茶		珠茶特级、一至五级：3505、9372、9373、9374、9375、9376
	其他		贡熙、珠茶、雨花、龙井等
特种茶	乌龙茶、白茶、花茶、小包装贸易标准样等		

（三）熟悉常见实物标准样的档次和水平

1. 红、绿茶

一般红、绿毛茶实物标准样的设置是以鲜叶原料为基础的，而鲜叶原料又以芽叶的嫩度为主体，从嫩到老的一条品质线上，根据生产实际和合理给价的需要，可以划分为 5～7 个级。具体如下：

（1）一级标准样通常以一芽一、二叶原料为主体；

（2）二、三级标准样通常以一芽二、三叶原料为主体，并有相应嫩度的夹叶；

（3）四、五级标准样通常以一芽三、四叶和相应嫩度的对夹叶为主体；

（4）六级和六级以下的标准样，一般以对夹叶或较粗大的一芽三、四叶所组成，也就是说，原料嫩度是划分红绿毛茶品质、等级的基础。

2. 乌龙茶

乌龙茶类由于采制要求不同，即乌龙茶类需要采摘有一定成熟度的鲜叶原料进行加工，因此其等级的划分是以品种为主体，同时结合芽叶的成熟度来进行划分的。一般单一品种的乌龙茶非常注重品种的纯度，如高档铁观音就要求由优质的本山、奇兰、毛蟹、黄金桂等品种组成。乌龙毛茶标准样一般设置五个级，以三级六等为中准水平，往上推出一级二等、二级四等，往下推出四级八等、五级十等，五级一般不设实物样。

（四）实物标准样的准备

首先，应根据来样要求，准备相应的实物标准样；其次，应了解实物标准样的等级设置情况，共设置了几个等级，是从一级到五级的还是从特级到四级的，等等。实物标准样开启使用时，先将茶样罐中的标准样茶全部倒在分样盘中，拌匀后按对角四分法分取适宜数量，置入编有号码的评茶盘中，在评茶时对照使用，其余标准样茶倒回原罐。实物标准样使用完毕，须及时装罐，装罐前先将相同级别的罐、盘核对正确，再依次倒入样茶罐中。

（五）实物标准样的存放环境要求

茶叶实物标准样应该有保质的包装，一般应有专人负责保管，存放于样品室中干燥的橱、柜或内置生石灰的缸、铁箱等容器中。样品室应避直射光、高温高湿及异常气味，有条件的，整个样品室保持低温如5～10℃，或将实物样置放于冷柜中低温贮存，以能在较长时间内维持实物标准样的品质水平，避免受热或受潮后变质走样。

二、能力训练

（一）训练条件

PPT、课件、茶样、鉴评用具。

（二）训练目的

（1）进一步加深学生对茶叶标准样的认识。

（2）加强学生对制备实物标准样的存放环境要求和准备。

（3）通过此次训练进行实物标准样的等级划分。

（三）要求形式

（1）通过现场资料查找及资料汇集，按照情景中的要求快速设定实物标准样的等级。

（2）通过感官鉴评鉴别茶叶品质优劣并进行划分等级。

（四）训练步骤

（1）分6组进行，其中一名学员担任组长，负责组织其余学员的课堂秩序，学习中进行拍照，收集组内不同学员准备的茶叶样品，对各个茶叶样品进行等级划分。

（2）每组根据组内分工及各自所长结合芽叶的成熟度来进行等级划分，并列出预案及预算。

（3）各组成员通过茶叶感官鉴评技术分析出茶叶优劣。

（4）各组组长讲解此次实验结果，并进行利弊分析。

（5）每组完成后，其他学员对其通过线上工具进行点评和补充。

表 4－14　茶叶鉴评报告单

茶名	外形				内质			
	形状	色泽	整碎	净度	香气	汤色	滋味	叶底
分数								
分数								
分数								

三、训练评价

评价内容填入表 4－15。

表 4－15　训练评价表

序号	评价内容	自评 30％	组间互评 30％	教师评分 40％	实际得分
1	用具准备（25 分）				
2	操作规范性（25 分）				
3	标准应用（30 分）				
4	协作能力（20 分）				
合计					

四、应用情景

情景一

茶叶生产企业在加工过程中，可将产出的茶叶与实物标准样进行对比，以确保产品符合预定的质量标准。如果你在一家茶叶加工厂工作，生产线负责人给你一个加工标准样，请你在绿茶的制作过程中，通过与加工标准样的对比，在外形、色泽、香气等方面进行对比，来判断该绿茶炒制的火候和时间是否恰当，并进行一批合格茶叶的加工工作。

情景二

买卖双方在交易过程中，以实物标准样为参照，明确茶叶的品质和价格。假如你是企业负责采购的人员，现在企业需要采购一批一级工夫红茶，交给你一个相关样品，请你根据样品到企业中采购相同等级和符合价格预算的茶叶。

五、问题情况

1. 应该如何进行实物标准样分类？

____

____

____

2. 如何进行实物标准样的准备？

____

____

____

3. 按照什么方法进行茶叶品质质量分级？

____

____

____

六、课后作业

1. 根据三大类实物标准样要求，进行模拟购置茶样。
2. 请根据来样要求，准备相应的实物标准样。

课后笔记：

____

____

____

____

____

项目五

绿茶品质鉴评

【知识目标】

（1）分辨常见及部分名优绿茶弊病，知晓不同季节绿茶外形特征。

（2）掌握不同等级鲜叶对绿茶品质影响及内含物知识，熟悉制作与类型。

【技能目标】

（1）精准分辨各类绿茶品质弊病，区分不同季节绿茶。

（2）熟练运用知识，鉴别不同等级、类型绿茶品质。

【素养目标】

（1）培养严谨、敏锐的观察与职业习惯。

（2）塑造专业、精专的绿茶品鉴职业素养。

绿茶品质鉴评

任务一　能鉴别不同工艺绿茶的品质特征

【核心概念】

（1）绿茶：是指在初加工过程中，鲜叶经贮青或摊放、杀青、揉捻（或做形）、炒干或烘干或晒干或烘炒结合干燥的茶叶。

（2）杀青：绿茶在加工过程中杀青为关键工艺，利用高温钝化酶的活性，阻止茶叶中多酚类物质的酶促氧化，保持绿茶的“清汤绿叶”品质特征。

【学习目标】

（1）掌握绿茶的制作方法。

（2）能区分绿茶的类型。

（3）能掌握不同类型绿茶的品质特征。

一、基本知识

（一）绿茶的制作方法

绿茶花色品种最多，按杀青方法不同分为蒸青和炒青；而按干燥方法则分为炒青绿茶、烘青绿茶和晒青绿茶。绿茶的基本制作工艺流程：杀青→揉捻→干燥。

杀青目的在于蒸发叶中水分，发散青臭气，产生茶香，并破坏酶的活性，抑制多酚类的酶促氧化，保持绿茶绿色特征。杀青要求做到杀匀杀透，老而不焦，嫩而不生。欲达到这一目标，主要有以下三种方法：

（1）锅式杀青：在平锅或斜锅中进行，一般掌握锅温 180～250℃，先高后低。每锅投叶量：名优茶 0.5～10kg，大宗茶 1.0kg；时间：5～10min，依据投叶量而定。采用抛炒与抖焖结合的方法，多抖少焖。

（2）滚筒机杀青：一般用 50～80cm 直径的转筒，转速 28～32r/min，每小时投叶量 150～200kg；叶子在筒内停留时间 2～3min，采用连续方式进行。

（3）蒸汽杀青：蒸汽温度 95～100℃；时间：0.5～10min，以连续方式进行。

揉捻目的在于使芽叶卷紧成条，适当破损叶组织使茶汁流出，便于冲泡。方法有手工揉捻和机器揉捻。高档名优茶以手揉为主。手揉方法是两手握茶徐徐向前推进，使叶子不断翻动，用力先轻后重。揉捻要掌握“嫩叶冷揉、中档叶温揉、老叶热揉”的原则。揉捻一般先空压或轻压，加压先轻后重，逐步加压，轻重交替，最后松压。

干燥目的是除去茶条中的水分，发展茶叶香气。一般有炒干和烘干两种方法。

炒干：炒青绿茶制作工艺，在锅中进行，分二青、三青和炒干三个过程。

烘干：烘青绿茶制作工艺，分毛火和足火二段进行。名优茶干燥常辅以做形。烘干设备有烘笼、手拉百叶式和自动链板式烘干机。炒干设备有锅式炒干机和瓶式炒干机。

（二）绿茶内质形成

绿茶内质的形成，是通过热化学作用使鲜叶酶失去活性、内含物质发生变化，最后形成绿茶的色、香、味，是热化“构色、构香、构味”的过程。

1. 绿茶的汤色

绿茶汤色黄绿明亮，高级绿茶汤色嫩绿，一般绿茶或大叶种绿茶，汤色偏黄。茶汤的呈色成分，主要是黄酮类物质及其氧化产物，以及儿茶素类氧化产物及其他水溶性色素。

黄酮类色黄，易溶于水。在绿茶中已发现有 21 种，含量占茶叶干重的 1%～2%，有 2 种称为 6，8－二－碳－葡萄糖旱芹素的异构体，水溶性非常好，水溶液呈深绿黄色，是茶汤呈绿色的主要色素。黄酮类在水热作用下，易发生自动氧化，转为橙黄或棕黄色。在绿茶茶汤中，还发现含有微量的叶绿素悬浮颗粒，有绿的反光，不溶于水，不能形成呈色的主体。绿茶初制中，儿茶素与茶氨酸、葡萄糖等物质在热的作用下，还可以形成新的黄色物质，这些物质也是汤色的组成部分。

绿茶加工如果水热作用过度，黄酮类易产生自动氧化，儿茶素也有部分发生自动氧化，生成橙黄、棕红的水溶色素，这些色素进入茶汤，茶汤就呈不同程度的黄色或橙黄色。

2. 绿茶的叶底色泽

绿茶的叶底色泽，以嫩绿、黄绿为好，青绿、暗绿、黄暗为次，容易出现的质量缺陷是红梗红叶。绿茶叶底色泽是多种色素物质的综合表现。其中呈色主体，是脂溶性的叶绿素及其变化产物，类胡萝卜素等也成为色泽构成部分。

在绿茶初制中，叶绿素因水热作用发生水解脱镁，减少量30%～50%，未转化的叶绿素构成叶底黄绿的主色；黑褐色的脱镁叶绿素a和黄褐色的脱镁叶绿素b，也成为叶底色泽的构成成分。

类胡萝卜素颜色橙黄，在茶叶中已发现有18种左右。绿茶初制中减少约36%。类胡萝卜素和叶绿素共同存在于叶细胞的叶绿体中，制茶时叶绿体解体，色泽得以呈现，因不溶于水，成为叶底色泽的构成成分。

绿茶初制中儿茶素、黄酮类的不溶氧化物或水溶性氧化物与蛋白质结合沉积物，也成为叶底色泽的构成成分。正常工艺条件其量很少，但若工艺不当，形成量明显增加，将对叶底色泽以至汤色造成不良影响。

3. 绿茶香气形成

绿茶香气一般为清香鲜爽或具板栗香、嫩芽香等。各种绿茶由于加工技术和鲜叶原料不同，形成各自的香气特点。

绿茶的芳香成分，已知的有200多种，种类数量远比鲜叶多。芳香物质组成中富含醇类、含氮化合物，其他含量较多的成分还有酮类、烃类、酯类、醛类等。

绿茶香气形成产生于高温杀青和干燥，在热物理和热化学作用下，香气形成的大概过程是：(1) 鲜叶中的低沸点（200℃以下）芳香成分在制茶中受热挥发散失或转化，它们一般具有青草气味；高沸点（200℃以上）的芳香物质显露，这些成分一般具有花香或果香。

(2) 产生部分新的芳香物质，其中包括一些前体物质，如氨基酸、糖、果胶、类胡萝卜素、萜烯醇等热化学反应产物。两个方面的综合结果，最后形成绿茶香气。

绿茶初制的杀青、干燥都是高温作业，保留下来的香气组成中，主要是高沸点部分，如芳樟醇、香叶醇、苯甲醇、苯乙醇、橙花叔醇等。鲜叶中原有的低沸点芳香成分，在绿茶中已大大减少。绿茶加工过程产生很多新的香气成分，这些成分是鲜叶中没有的。

鲜叶含有大量青草气成分，如青叶醇、反－2－己烯醛等，它们在制茶中除挥发或转化外，部分仍留在绿茶中，与其他芳香成分，如二甲硫醚等相协调，形成鲜爽型的新茶香。

4. 绿茶的滋味

形成茶叶滋味的物质都是水溶性的。浓醇、鲜爽是判断绿茶优劣的标准。浓醇取决于茶多酚和氨基酸的适当比例，绿茶中的鲜味成分主要有：带有较强鲜味的茶氨酸、谷氨酸、天冬氨酸、精氨酸、谷氨酰胺、缬氨酸、蛋氨酸；还有5′－次黄嘌呤核苷酸、5′－鸟嘌呤核苷酸、5′－核苷酸等核苷酸类，蛋白质水解产物肽类和琥珀酸。春茶中氨基酸和多种维生素含量丰富，使春季绿茶的滋味鲜爽。夏、秋茶氨基酸含量明显低于春茶，而且夏、秋茶的茶多酚含量高，故夏、秋绿茶滋味苦、涩味明显。

绿茶滋味的形成，不是由某种成分含量或某一工序决定，而是随着工艺过程的进展，主要味感成分的量及其比例不断发生变化，直至恰到好处的结果。研究表明，绿茶初制过程因热湿水解作用，氨基酸、可溶性糖、水溶果胶不断增加，相反，多酚类中的儿茶素、黄酮类，因氧化而含量减少，咖啡碱含量也有所下降，多酚类与氨基酸的含量比值逐步减小，不同味感的各种成分彼此协调，最后形成绿茶的滋味。绿茶滋味要求浓醇鲜爽，鲜醇是绿茶滋味的主要特征，特别是它的醇度。一般来说，“醇”是氨基酸与茶多酚含有量比例协调；氨基酸中的谷氨酸、茶氨酸等是“鲜”的主体。鲜叶的嫩度较好，正常的工艺方法就能形成良好的滋味品质。

因此，构成绿茶滋味的物质有苦涩、收敛性的多酚类，鲜味的氨基酸，甜味的可溶性糖，苦味的咖啡碱、茶皂素，甘厚的水溶性果胶，还有微量酸味物质如维生素 C 等。绿茶滋味是各种成分相互配合、协调后的综合结果。

（三）不同类型绿茶

1. 绿茶的分类（表 5-1）

表 5-1　绿茶分类表

序号	茶叶名称	主产地
1 蒸青绿茶	恩施玉露	湖北
	中国煎茶	浙江
	煎茶	日本
	日本玉露	日本
2 炒青绿茶	眉茶（长炒青）	浙江、安徽、江西
	珠茶（圆炒青）	浙江
	西湖龙井（扁炒青）	浙江
	泉岗辉白（圆炒青）	浙江
	三杯香茶	浙江
	都匀毛尖（卷曲炒青）	贵州
	绿宝石（圆炒青）	贵州
	涌溪火青（圆炒青）	安徽
	湄潭翠芽	贵州
	茅山青锋	江苏
	洞庭碧螺春（卷曲炒青）	江苏
	南京雨花茶	江苏
	金坛雀舌	江苏
	大方茶（扁炒青）	安徽
	休宁松萝	安徽
	秭归丝棉茶	湖北
	孝感龙剑茶（扁炒青）	湖北
	安化松针	湖南

续表

序号	茶叶名称	主产省份
2 炒青绿茶	古丈毛尖	湖南
	玲珑茶	湖南
	竹叶青	四川
	蒙顶甘露	四川
	峨眉峨蕊	四川
	狗牯脑茶	江西
	庐山云雾	江西
	信阳毛尖	河南
	凌云白毫	广西
3 烘青绿茶	六安瓜片	安徽
	黄山毛峰	安徽
	太平猴魁	安徽
	岳西翠兰	安徽
	汀溪兰香	安徽
	舒城小兰花	安徽
	开化龙顶	浙江
	长兴紫笋	浙江
	径山茶	浙江
	安吉白茶	浙江
	雪水云绿	浙江
	天山绿茶	福建
	峨眉毛峰	四川
	黄金（绿）茶	湖南
	金山翠峰	湖北
	南糯白毫	云南
4 晒青绿茶	滇青毛茶	云南
	老青毛茶	湖北

图 5-1 狮峰龙井茶基地

2. 名优绿茶外形特征分类

名优绿茶按不同的外形特征归纳为以下 10 种类型。

（1） 扁形：扁平光直。如龙井、太湖翠竹等。

（2） 雀舌形：单芽形似雀舌，如金坛雀舌、顾渚紫笋等。

（3） 针形：细紧圆直似针。如南京雨花、安化松针等。

（4） 螺形：卷曲似螺。如碧螺春、都匀毛尖、无锡毫茶等。

（5） 曲条形：细紧微曲。如金坛银芽、径山茶、天柱弦月等。

（6） 珠形：圆紧成珠。如泉岗辉白、涌溪火青等。

（7） 眉形：紧秀似眉。如婺源茗眉、南山寿眉等。

（8） 片形：片状略卷。如六安瓜片。

（9） 兰花形：芽状成朵似兰花。如舒城兰花茶。

（10） 菊花形：扎压似菊。如婺源墨菊。

（四）不同类型绿茶品质特征

1. 蒸青绿茶品质特征（表 5-2）

表 5-2　蒸青绿茶品质特征

类别	茶名	外形	内质			
			汤色	香气	滋味	叶底
蒸青绿茶	恩施玉露	形似松针、色泽翠绿	嫩绿、清澈、明亮	清香持久	鲜爽回甘	嫩匀、明亮
	中国煎茶	条索紧细挺直略扁、色泽深绿	碧绿明亮	清鲜	鲜醇回甘	青绿明亮
	煎茶	多嫩芽、绿润、细紧挺削、匀净	嫩绿清澈、明亮	嫩香持久	浓醇鲜	嫩绿明亮、匀净
	日本玉露	显松针状、条索紧秀、色泽深绿油润	碧绿、明亮	清鲜、有海苔香	鲜爽、甘醇	青绿明亮

2. 炒青绿茶品质特征（表 5-3）

表 5-3　炒青绿茶品质特征

类别	茶名	外形	内质			
			汤色	香气	滋味	叶底
炒青绿茶	眉茶（长炒青）	细紧显锋毫、绿润起霜、匀整、洁净	绿、明亮	高香持久	鲜浓醇厚	含芽、嫩绿明亮
	珠茶（圆炒青）	颗粒圆结重实、色泽墨绿较油润	黄绿明亮	清纯	浓醇	嫩匀完整、黄绿明亮
	西湖龙井（扁炒青）	扁平光滑、挺秀尖削、嫩绿润、重实、匀齐、洁净	嫩绿明亮	嫩香、馥郁持久	鲜醇甘爽	细嫩成朵、匀齐、嫩绿明亮
	泉岗辉白（圆炒青）	颗粒形、白毫隐露、色泽灰绿	嫩绿明亮	香高、显栗香	浓醇爽口	嫩匀厚软、绿亮
	三杯香茶	细紧纤秀、毫峰显露、绿润	黄绿明亮	清高持久	浓醇回甘	嫩匀黄绿
	都匀毛尖（卷曲炒青）	紧细卷曲、满披白毫、匀整、嫩绿	嫩黄绿明亮	嫩香、栗香	鲜醇	嫩绿、鲜活、匀整
	绿宝石（圆炒青）	盘花状颗粒、墨绿尚润、带片梗、尚匀整	黄绿较亮	香高持久	醇正	黄绿尚亮、尚完整

续表

类别	茶名	外形	内质			
			汤色	香气	滋味	叶底
炒青绿茶	涌溪火青（圆炒青）	颗粒形、多白毫、身骨重、色泽墨绿光润	浅黄明亮	高爽、带兰花香	醇厚回甘	匀嫩、微黄明亮
	湄潭翠芽	扁平、直、光滑匀整、色泽黄绿润	黄绿、清澈明亮	栗香浓郁	鲜醇爽口回甘	黄绿明亮、嫩匀
	茅山青锋	略扁挺秀显锋苗、匀整光滑、色泽绿润	绿、明亮	香气高爽	鲜醇	柔嫩匀整
	洞庭碧螺春（卷曲炒青）	纤细、卷曲呈螺、满身披毫、银绿隐翠、鲜嫩、匀整、洁净、嫩香清鲜	嫩绿鲜亮	嫩香清鲜	清鲜甘醇	幼嫩多芽、嫩绿鲜活
	南京雨花茶	形似松针、条索紧直、锋苗挺秀、白毫显露、翠绿鲜润	绿亮	清高优雅	醇厚鲜爽	细嫩匀净
	金坛雀舌	雀舌形、扁平挺秀、匀整、色泽绿润	绿亮	清高	醇爽	嫩匀明亮
	大方茶（扁炒青）	外形扁直、色泽黄绿微褐光润	杏黄明亮	有栗香	浓爽	厚软黄绿
	休宁松萝	紧结卷曲、显毫、绿润	嫩绿明亮	嫩香高爽	浓厚	柔嫩、嫩绿明亮
	秭归丝棉茶	条索紧秀、匀齐、色泽银绿	嫩绿、清澈、鲜亮	清香鲜醇	鲜爽甘甜	嫩黄、匀亮
	孝感龙剑茶（扁炒青）	扁平挺直似刀剑、翠绿油润	嫩绿清澈明亮	清香持久	鲜嫩爽口	嫩绿明亮
	安化松针	松针形、紧结挺秀、白毫显露、色泽翠绿油润	碧绿清澈明亮	嫩香馥郁	甜醇回甘	匀嫩鲜活
	古丈毛尖	条索紧细圆直、白毫显露、色泽翠绿油润	绿亮	香高持久、带栗香	浓醇鲜爽	嫩匀明亮

续表

类别	茶名	外形	内质			
			汤色	香气	滋味	叶底
炒青绿茶	玲珑茶	条索紧细卷曲，状若环勾，白毫显露，色泽翠绿油润	嫩绿明亮	嫩香馥郁持久	浓爽回甘	嫩绿鲜活、匀齐
	竹叶青	扁平光润、挺直秀丽、色泽嫩绿油润	嫩绿明亮	清香馥郁	鲜嫩醇爽	嫩绿显芽、匀齐
	蒙顶甘露	条索紧卷多毫、嫩绿油润	碧绿带黄、清澈明亮	鲜嫩馥郁	鲜爽醇厚回甘	嫩绿、秀丽匀整
	峨眉峨蕊	条索紧细、白毫显露、形似花蕊、色泽绿润	清澈绿亮	清嫩馥郁持久	鲜醇回甘	嫩绿、秀丽匀整
	狗牯脑茶	紧结秀丽、白毫显露、芽端微勾	杏绿明亮	浓郁高雅、带花香	醇厚	黄绿
	庐山云雾	条索紧结色泽青翠显毫	黄绿明亮	清鲜持久	醇厚回甘	软嫩绿、匀齐
	信阳毛尖	条索细紧、圆直、锋苗显露、色泽银绿	碧绿明亮	高鲜、板栗香	醇厚回甘	嫩绿匀整
	凌云白毫	条索壮实、满披白毫、色泽灰绿	清澈明亮	香气清高、板栗香	浓厚鲜爽	肥嫩柔软

3. 烘青绿茶品质特征表（5-4）

表 5-4　烘青绿茶品质特征

类别	茶名	外形	内质			
			汤色	香气	滋味	叶底
烘青绿茶	六安瓜片	形似瓜子、顺直匀整、叶边背卷平展、色泽深绿带霜油润	嫩绿、清澈、明亮	花香、高长	鲜爽、醇厚回甘	柔嫩、黄绿、鲜活、匀齐
	黄山毛峰	芽头肥壮、匀齐、形似雀舌、毫显、嫩绿泛象牙色、有金黄片	嫩绿、清澈、鲜亮	嫩香馥郁持久	鲜醇爽、回甘	嫩黄、匀亮鲜活

续表

类别	茶名	外形	内质			
			汤色	香气	滋味	叶底
烘青绿茶	太平猴魁	扁展挺直、魁伟壮实、两叶抱一芽、匀齐、毫多不显、苍绿匀润、部分主脉暗红	嫩绿、清澈明亮	鲜灵高爽、兰花香持久	鲜爽醇厚、回味甘甜、独具“猴韵”	嫩匀肥壮、成朵、嫩黄绿鲜亮
	岳西翠兰	兰花形、芽叶相连、色泽翠绿	浅绿明亮	清高、馥郁、持久	醇厚、鲜爽、回甘	柔嫩、嫩绿明亮
	汀溪兰香	秀剪形、平直、显毫、翠绿、匀、润	嫩绿、清澈、明亮	兰花香、清纯、持久	鲜醇甘爽	肥嫩、嫩黄绿、匀整
	舒城小兰花	兰花形、毫锋显露、色泽绿润	绿亮、明净	兰花香	浓醇回甘	成朵、柔嫩、嫩黄绿
	开化龙顶	条索紧直挺秀、嫩绿鲜润	浅绿明亮	嫩香馥郁、带兰花香	鲜醇甘爽	肥壮、嫩绿、匀齐
	长兴紫笋	芽叶似笋、色泽绿润、银毫显露	嫩绿清澈	清高、兰花香	鲜醇回甘	肥壮成朵
	径山茶	条索紧细稍卷曲、略带白毫、色泽翠绿	嫩绿、清澈明亮	兰花香、清高	鲜醇	细嫩成朵、嫩绿明亮
	安吉白茶	凤羽形、色泽翠绿、光亮鲜润	嫩绿鲜亮、清澈	嫩香持久、有花香	鲜爽甘醇	自然舒展、叶张玉白、叶脉翠绿
	雪水云绿	竖直略扁、形似莲心、锋苗显露、银绿	清澈明亮	清香高锐	鲜醇	嫩匀绿亮
	天山绿茶	条索紧细、匀整、翠绿、锋苗挺秀、有白毫	清澈明亮	花香持久	浓厚回甘	柔嫩、嫩绿
	峨眉毛峰	条索细紧、卷曲、秀丽、多毫、嫩绿油润	淡黄、清澈	高鲜	鲜爽带醇	匀整、绿亮
	黄金（绿）茶	条索紧结、弯曲、翠绿、显毫	嫩绿明亮	嫩栗香、馥郁持久	浓醇、鲜爽、回甘	嫩绿、鲜活

续表

类别	茶名	外形	内质			
			汤色	香气	滋味	叶底
烘青绿茶	金山翠峰	条索圆直、锋毫显露、色泽翠绿、油润	嫩绿明亮	清鲜	鲜醇	嫩绿匀齐
	南糯白毫	条索紧结、壮实、白毫显露	黄绿明亮	馥郁、清纯	鲜浓	嫩匀明亮

4. 晒青绿茶品质特征（表 5-5）

表 5-5　晒青绿茶品质特征

类别	茶名	外形	内质			
			汤色	香气	滋味	叶底
晒青绿茶	滇青毛茶	条索粗壮肥硕、白毫显露、色泽深绿油润	黄绿明亮	高扬持久	浓醇、有收敛性	肥厚、黄绿明亮
	老青毛茶（湿）	条索粗大、色泽乌绿	—	—	—	—

5. 不同代表名优绿茶品质特征（表 5-6）

表 5-6　不同代表名优绿茶品质特征

类别	茶名	外形特殊品质要求
扁形茶	西湖龙井（扁形茶）	嫩叶包芽，扁平挺秀、光削、长短匀齐、芽锋显露，色泽绿翠或嫩绿呈糙米色
雀舌形	黄山毛峰（雀舌形）	多毫有锋似雀舌，色泽油润微黄，似象牙，鱼叶金黄，称金黄片
针形茶	南京雨花茶（针形茶）	细紧圆直、锋苗挺秀似松针，色泽绿翠，匀齐一致
兰花形尖茶	太平猴魁（兰花形尖茶）	芽叶肥壮，平扁挺直两叶包一芽，俗称“两刀一枪”似含苞的兰花，色泽苍绿油润有光泽，主脉暗红，俗称“红丝线”
螺形茶/卷曲型	都匀毛尖（螺形茶/卷曲型）	白毫显露，卷曲似螺，较碧螺春壮实，色泽绿中带黄
曲条形	径山茶（曲条形）	条索紧细稍卷曲、略带白毫、色泽翠绿

续表

类别	茶名	外形特殊品质要求
眉形	婺源茗眉（眉形）	条索紧结、外形弯曲、形如眉毛、挺秀多毫、翠绿鲜润
片形茶	六安瓜片（片形茶）	外形片状，叶缘微翘，宛如瓜子，色泽绿翠
兰花形	舒城兰花（兰花形）	芽叶相连、形似兰花、毫锋显露、色泽绿润
菊花形	婺源墨菊（菊花形）	形似雏菊、色泽墨绿
珠形	涌溪火青（珠形）	外形如腰形绿豆、多白毫、身骨重、色泽墨绿光润

图 5-2　毛尖绿茶

图 5-3　云雾绿茶

图 5-4　雀舌

图 5-5　湖南黄金茶

图 5-6　浙江扁形绿茶

（五）大、中小叶种绿茶内质异同点

在大宗绿茶产品中，即大叶种、中小叶种绿茶，两者鉴评方法基本一致，而内质上主要差别体现在茶汤浓度中，其次是汤色上。采用国标方法鉴评后，大叶种绿茶滋味浓度大，带苦涩，一般汤色偏黄；同时，中小叶绿茶经过系统精制，内质优次分明。主要区分点见表 5-7。

表 5-7　大、中小叶种绿茶内质异同比较

<table>
<tr><th rowspan="2">内质
类型</th><th colspan="2">香气</th><th colspan="2">汤色</th><th colspan="2">滋味</th><th colspan="2">叶底</th></tr>
<tr><th>同</th><th>异</th><th>同</th><th>异</th><th>同</th><th>异</th><th>同</th><th>异</th></tr>
<tr><td>大叶种绿茶</td><td rowspan="2">清香持久</td><td>浓纯
清纯</td><td rowspan="2">黄绿
明亮</td><td>浅黄绿—黄绿—橙黄易红变</td><td rowspan="2">浓醇
醇厚</td><td>浓度大
涩
耐冲泡</td><td rowspan="2">嫩匀
绿匀
明亮</td><td>肥嫩软厚
或粗厚</td></tr>
<tr><td>中小叶种绿茶</td><td>清高
炒
焙香</td><td>嫩绿—浅绿—黄绿不易红变</td><td>浓度较小
醇
不耐冲泡</td><td>细嫩软厚
或粗薄</td></tr>
</table>

二、能力训练

（一）训练条件

不同类型绿茶茶样4～6个、鉴评室、鉴评配备用具。

（二）训练目的

（1）掌握不同类型绿茶鉴评方法；

（2）掌握各类绿茶各项品质特征描述。

（三）要求形式

（1）通过在规范茶叶鉴评室现场对不同类型绿茶茶样进行鉴评；

（2）对各类型绿茶各项品质特征进行描述，形成品质报告及总结，进行实操训练。

（四）训练步骤

（1）分为6组，其中一名学员担任组长，负责组织其余学员的课堂秩序，学习中进行合理分工，使组内学员高效地完成实训任务，准备工作包括备具、烧水、取样等。

（2）每组根据组内分工进行“不同类型绿茶”鉴评工作，参照“评外形—闻香气—看汤色—尝滋味—看叶底”步骤，依次进行外形及内质的鉴评，并做鉴评报告单（表5-8）记录工作。

（3）各组组长合理分配，每组进行总结，从特征描述、术语总结、品质概括等方面进行。

（4）每组完成后，其他学员对其通过线上工具进行评价和补充完善，教师总结点评。

（5）实训任务结束，小组进行总结记录，并各自完成整理和实训场所恢复工作。

表5-8　不同类型绿茶鉴评报告单

茶名	外形	内质			
	形状、色泽、整碎、净度	香气	汤色	滋味	叶底
分数					
分数					
分数					
分数					
分数					
分数					

三、训练评价

训练评价结果填入表 5-9。

表 5-9　训练评价表

序号	评价内容	自评 30%	组间互评 30%	教师评分 40%	实际得分
1	准备工作（20 分）				
2	鉴评工作（20 分）				
3	记录工作（20 分）				
4	总结工作（30 分）				
5	恢复工作（10 分）				
合计					

四、应用情景

情景一

如果你是一名茶专业学生，现在有一批研学的同学需要进行绿茶的学习，请根据学习的不同类型的绿茶知识，为这批研学的同学简单介绍不同类型的绿茶品质特征及品饮方法。

情景二

如果你在茶馆遇到一名品茶的客人，他比较喜欢喝绿茶，请为他介绍不同类型绿茶的品质特征及主要生产地区，进行系统讲解，使客人更加细致地了解不同类型绿茶的品质特征及相关品饮要求。

五、问题情况

1. 应该如何进行绿茶分类？

____

____

____

2. 如何进行不同类型绿茶鉴评？

3. 各类型绿茶主要区别是什么？

六、课后作业

1. 根据不同类型绿茶品质特征，进行不同类型绿茶品质特征总结。
2. 请根据茶叶鉴评操作要求，课后完成不同类型 5 个以上绿茶鉴评实训。

课后笔记：

任务二　能鉴别不同鲜叶等级与品质的关系

【核心概念】

（1）鲜叶质量：主要包括采摘嫩度、匀净度及鲜叶新鲜度等方面，在很大程度上影响鲜叶品质，进而影响茶叶品质的形成。

（2）鲜叶等级：通常根据鲜叶的嫩度、匀整度、色泽等因素来划分。一般由芽头或一芽一叶初展组成为特级；一芽一叶为主为一级，一芽一、二叶为主为二级，一芽二、三叶为主为三级，依此类推。

【学习目标】

（1）掌握不同等级鲜叶对品质的影响知识。

（2）了解不同嫩度鲜叶主要成分知识及不同等级绿茶内含物质含量知识。

（3）掌握不同等级鲜叶对品质特征的影响。

一、基本知识

（一）不同等级鲜叶品质影响

绿茶的品质在很大程度上取决于所采用的鲜叶等级，鲜叶等级通常根据叶片的嫩度、完整性、匀整度等因素进行划分。在相对一致的加工情况下，鲜叶等级越高，制成的绿茶品质往往越好。高等级的鲜叶，如芽头和一芽一叶初展的鲜叶，通常具有以下特点。

（1）外形：芽头肥壮、匀整，色泽嫩绿鲜活，匀齐。

（2）香气：清幽高雅、香气持久，如嫩香、花香等。

（3）滋味：鲜醇，茶汤口感鲜爽、醇厚，回甘明显。

而较低等级的鲜叶，如较粗老的叶片，其品质特点相对有所不同：

①外形：稍显粗糙，欠匀整，色泽稍暗。

②香气：欠纯、欠持久。

③滋味：欠鲜爽，带苦涩。

鲜叶等级也并不是决定绿茶品质的唯一因素。加工工艺同样对品质有着至关重要的影响。即使是高等级的鲜叶，如果加工不当，也可能无法展现出应有的优良品质；反之，较低等级的鲜叶，通过精湛的加工技术，也能在一定程度上提高品质。

绿茶的品质除受不同等级鲜叶影响外，还与加工工艺密切相关，两者相互配合才能最终成就一款优质的绿茶。

图 5-7　烘青绿茶（一芽一叶）

图 5-8　烘青绿茶（一芽二、三叶）

图 5-9　客家炒绿（梅州）

图 5-10　客家炒绿（惠州）

（二）不同嫩度鲜叶主要成分含量（表 5-10）

表 5-10　不同嫩度鲜叶主要成分含量　　单位：（%）

成分	第一叶	第二叶	第三叶	第四叶	老叶	嫩茎
水分	76.70	76.30	76.00	73.80	—	84.60
水浸出物	47.52	46.90	45.59	43.70	—	—
多酚类	22.61	18.30	16.23	14.65	14.47	22.75
儿茶素	14.74	12.43	12.00	10.50	9.80	8.61
全氮量	7.55	6.73	6.20	5.50	—	—
咖啡碱	3.78	3.64	3.19	2.62	2.49	1.63
氨基酸	3.11	2.92	2.34	1.95	—	5.73
茶氨酸	1.83	1.52	1.23	1.14	—	4.35
水溶性果胶	3.21	3.45	3.26	2.23	—	2.64
还原糖	0.99	1.15	1.40	1.63	1.81	—
淀粉	0.89	0.92	5.27	—	—	1.49
粗纤维	10.87	10.90	12.25	14.48	—	17.08
总灰分	5.59	5.46	5.48	5.44	—	6.07
可溶性灰分	3.36	3.36	3.32	3.02	—	3.47

（三）不同等级烘青、晒青绿茶内含物质含量

云南农业大学江波等在对晒青茶叶和烘青茶叶成分比较研究中研究指出，烘青绿茶和晒青绿茶其干物质和水浸出物（特别是茶多酚、茶多糖、咖啡碱含量等物质）均随着茶叶等级的降低而呈下降趋势。具体见表5-11。

表5-11　不同等级烘青、晒青绿茶内含物质含量

茶样	水分含量	干物质含量	水浸出物含量	茶多酚	茶多糖	咖啡碱	氨基酸	茶色素		
								茶黄素	茶红素	茶褐素
一级烘青	7.06	92.94	50.23	41.53	0.46	4.31	12.53	0.16	2.03	1.23
二级烘青	6.09	93.91	49.00	35.23	0.57	3.63	12.68	0.09	3.36	0.97
三级烘青	5.06	94.94	47.51	30.96	0.71	3.31	12.09	0.20	2.44	1.35
一级晒青	9.45	90.55	47.13	39.67	0.53	4.19	11.48	0.13	1.62	1.14
二级晒青	9.87	90.13	46.35	31.76	0.64	3.34	12.36	0.20	2.11	1.19
三级晒青	10.31	89.69	43.90	26.83	0.83	3.29	10.45	0.15	3.61	1.81

（四）不同等级绿茶品质要求

1. 大叶种

（1）大叶种蒸青绿茶感官品质要求（表5-12）

表5-12　大叶种蒸青绿茶感官品质要求

级别	外形	内质
特级（针形）	紧细重实，匀整，净，乌绿油润白毫显露	清高持久，浓醇鲜爽，绿明亮，肥嫩绿明亮
特级（条形）	紧结重实，匀整，净，灰绿润	清高持久，浓醇爽，绿明亮，肥嫩绿亮
一级	紧结尚重实，匀整，有嫩梗，灰绿尚润	清香，浓醇，黄绿亮，尚嫩黄绿
二级	尚紧结，尚匀整，有茎梗，灰绿尚润	纯正，浓尚醇，黄绿，尚嫩黄绿
三级	粗实，欠匀整，有梗朴，灰绿稍花	平正，浓醇，绿黄，叶张尚厚实黄绿稍暗

（2）大叶种炒青绿茶感官品质要求（表5-13）

表5-13 大叶种炒青绿茶感官品质要求

级别	外形				内质			
	条索	整碎	净度	色泽	香气	滋味	汤色	叶底
特级	肥嫩紧结重实显锋苗	匀整平伏	净	灰绿光润	清高持久	浓厚鲜爽	黄绿明亮	肥嫩匀黄绿明亮
一级	紧结有锋苗	匀整	稍有嫩梗	灰绿润	清高	浓醇	黄绿亮	肥软黄绿亮
二级	尚紧结	尚匀整	有嫩梗卷片	黄绿	纯正	浓尚醇	黄绿尚亮	厚实尚匀黄绿尚亮
三级	粗实	欠匀整	有梗片	绿黄稍杂	平正	浓稍粗涩	绿黄	欠匀绿黄

（3）大叶种烘青绿茶感官品质要求（表5-14）

表5-14 大叶种烘青绿茶感官品质要求

级别	外形				内质			
	条索	整碎	净度	色泽	香气	滋味	汤色	叶底
特级	肥嫩紧实有锋苗	匀整	净	青绿润白毫显露	嫩香浓郁	浓厚鲜爽	黄绿明亮	肥嫩匀黄绿明亮
一级	肥壮紧实	匀整	有嫩茎	青绿尚润有白毫	嫩浓	浓厚	黄绿尚亮	肥厚黄绿尚亮
二级	尚肥壮	尚匀整	有茎梗	青绿	纯正	浓醇	黄绿	尚嫩匀黄绿
三级	粗实	欠匀整	有梗片	绿黄稍花	平正	尚浓稍粗	绿黄	欠匀绿黄

（4）大叶种晒青绿茶感官品质要求（表 5-15）

表 5-15　大叶种晒青绿茶感官品质要求

级别	外形				内质			
	条索	整碎	净度	色泽	香气	滋味	汤色	叶底
特级	肥嫩紧结 显锋苗	匀整	净	深绿润 白毫显露	清香浓长	浓醇回甘	黄绿明亮	肥嫩多芽 绿黄明亮
一级	肥嫩紧实 有锋苗	匀整	稍有嫩茎	深绿润 有白毫	清香	浓醇	黄绿亮	柔嫩有芽 绿黄亮
二级	肥大紧实	匀整	有嫩茎	深绿尚润	清纯	醇和	黄绿尚亮	尚柔嫩 绿黄尚亮
三级	壮实	尚匀整	稍有梗片	深绿带褐	纯正	平和	绿黄	尚软绿黄
四级	粗实	尚匀整	有梗、朴片	绿黄带褐	稍粗	稍粗淡	绿黄稍暗	稍粗黄稍褐
五级	粗松	欠匀整	梗朴片 较多	带褐枯	粗	粗淡	黄暗	粗老黄褐

2. 中小叶种

（1）中小叶种炒青绿茶感官品质要求（表 5-16）

表 5-16　中小叶种炒青绿茶感官品质要求

级别	外形				内质			
	条索	整碎	色泽	净度	香气	滋味	汤色	叶底
特级	紧细 显锋苗	匀整	绿润	稍有嫩茎	鲜嫩高爽	鲜醇	清绿明亮	柔嫩匀整 嫩绿明亮
一级	紧结 有锋苗	匀整	绿尚润	有嫩茎	清高	浓醇	绿 明亮	绿嫩明亮
二级	紧实	稍匀整	绿	稍有梗片	清香	醇和	黄绿明亮	尚嫩黄绿明亮
三级	尚紧实	尚匀整	黄绿	有片梗	纯正	平和	黄绿 尚明亮	稍有摊张 黄绿尚明亮
四级	粗实	欠匀整	绿黄	有梗朴片	稍有粗气	稍粗淡	黄绿	有摊张 绿黄
五级	粗松	欠匀整	绿黄 带枯	有黄朴 梗片	有粗气	粗淡	绿黄稍础	粗老 绿黄稍暗

表 5-17 中小叶种圆炒青绿茶感官品质要求

级别	外形				内质			
	颗粒	整碎	色泽	净度	香气	滋味	汤色	叶底
特级	细圆重实	匀整	深绿光润	净	香高持久	浓厚	清绿明亮	芽叶较完整 嫩绿明亮
一级	圆结	匀整	绿润	稍有嫩茎	高	浓醇	黄绿明亮	芽叶尚完整 黄绿明亮
二级	圆	匀称	尚绿润	稍有黄头	纯正	醇和	黄绿 尚明亮	尚嫩尚匀 黄绿尚明亮
三级	圆实	匀称	黄绿	黄头	平正	平和	绿黄	有单张 黄绿尚明亮
四级	粗圆	匀称	绿黄	有黄头 扁块	稍低	粗稍淡	绿黄	单张较多 绿黄
五级	粗扁	尚匀称	绿黄稍枯	有朴块	有粗气	粗淡	黄稍暗	粗老 绿黄稍暗

表 5-18 中小叶种扁炒青绿茶感官品质要求

级别	外形				内质			
	条索	整碎	色泽	净度	香气	滋味	汤色	叶底
特级	扁平挺直光削	匀整	绿润	洁净	鲜嫩高爽	鲜醇	清绿明亮	柔嫩匀整 嫩绿明亮
一级	扁平挺直	匀整	黄绿润	洁净	清高	浓醇	绿明亮	嫩匀 绿明亮
二级	扁平尚直	尚匀整	绿尚润	洁净	清香	醇和	黄绿明亮	尚嫩 黄绿明亮
三级	尚扁直	尚匀整	黄绿	稍有朴片	纯正	醇正	黄绿尚明	稍有摊张 黄绿尚明亮
四级	尚扁稍阔大	尚匀整	绿黄	有朴片	稍有粗气	平和	黄绿	有摊张绿黄
五级	尚扁稍粗松	欠匀整	绿黄稍枯	有黄朴片	有粗气	稍粗淡	绿黄稍暗	稍粗老 绿黄稍暗

（2）中小叶种烘青绿茶各级感官品质要求

表 5-19　中小叶种烘青绿茶各级感官品质要求

级别	外形				内质			
	条索	整碎	色泽	净度	香气	滋味	汤色	叶底
特级	细紧显锋苗	匀整	绿润	稍有嫩茎	鲜嫩清香	鲜醇	清绿明亮	柔软匀整嫩绿明亮
一级	细紧有锋苗	匀整	尚绿润	有嫩茎	清香	浓醇	黄绿明亮	尚嫩匀黄绿明亮
二级	紧实	尚匀整	黄绿	有茎梗	纯正	醇和	黄绿尚明亮	尚嫩黄绿尚明亮
三级	粗实	尚匀整	黄绿	稍有朴片	稍低	平和	黄绿	有单张黄绿
四级	稍粗松	欠匀整	绿黄	有梗朴片	稍粗	稍粗淡	绿黄	单张稍多绿黄稍暗
五级	粗松	欠匀整	黄稍枯	多梗朴片	粗	粗淡	黄稍暗	较粗老黄稍暗

表 5-20　中小叶种蒸青茶各级感官品质要求

级别	外形				内质			
	条索	整碎	净度	色泽	香气	滋味	汤色	叶底
特级（针形）	□紧细重实	□匀整	□匀净	□乌绿油润□白毫显露	□清高□持久	□浓醇鲜爽	□绿明亮	□肥嫩□绿明亮
特级（条形）	□紧结重实	□匀整	□匀净	□灰绿润	□清高□持久	□浓醇爽	□绿明亮	□肥嫩□明亮
一级	□紧结□尚重实	□匀整	□有嫩茎	□灰绿润	□清香	□浓醇	□黄绿亮	□嫩匀□黄绿亮
二级	□尚紧结	□尚匀整	□有茎梗	□灰绿尚润	□纯正	□浓尚醇	□黄绿	□尚嫩□黄绿
三级	□粗实	□欠匀整	□有梗朴	□灰绿稍花	□平正	□浓欠醇	□绿黄	□叶张尚厚实□黄绿□稍暗

表 5-21 中小叶种炒青毛茶各级感官品质要求

级别	要求							
	外形				内质			
	条索	整碎	净度	色泽	香气	滋味	汤色	叶底
特级	□紧结重实 □显锋苗	□匀整	□稍有嫩茎	□灰绿 □鲜润	□清高持久	□浓鲜爽	□黄绿 □明亮	□肥嫩柔软 □黄绿明亮
一级	□紧结 □有锋苗	□匀整	□有嫩茎	□灰绿□润	□清高	□浓爽	□黄绿 □明亮	□嫩匀 □黄绿明亮
二级	□尚紧结	□尚匀整	□稍有梗片	□黄绿	□纯正	□浓尚醇	□黄绿 □尚亮	□尚嫩匀 □黄绿
三级	□粗松	□尚匀整	□有梗朴片	□绿黄稍枯	□平正	□浓稍粗	□黄稍暗	□稍粗 □黄稍暗

表 5-22 中小叶种炒青精制茶各级感官品质要求

级别	要求							
	外形				内质			
	条索	整碎	净度	色泽	香气	滋味	汤色	叶底
特级	□肥壮紧结 □显锋苗	□匀整平伏	□洁净	□灰绿光润	□清高 □持久	□浓厚鲜爽	□黄绿 □明亮	□肥嫩匀 □黄绿明亮
一级	□肥壮紧结 □有锋苗	□匀整	□稍有嫩梗	□灰绿润	□清高	□浓爽	□黄绿 □亮	□肥厚 □黄绿亮
二级	□尚紧结	□尚匀整	□有嫩梗 □卷片	□黄绿	□纯正	□浓尚醇	□黄绿 □尚亮	□厚实尚匀 □黄绿尚亮
三级	□粗实	□欠匀整	□有梗片	□绿黄稍杂	□平正	□浓带粗涩	□绿黄	□欠匀 □绿黄

表5-23　中小叶种烘青毛茶各级感官品质要求

级别	要求							
	外形				内质			
	条索	整碎	净度	色泽	香气	滋味	汤色	叶底
特级	□肥壮紧实 □有锋苗	□匀整	□稍有嫩茎	□青绿润 □白毫显露	□嫩香浓郁	□鲜爽浓醇	□黄绿 □明亮	□肥嫩匀 □黄绿明亮
一级	□肥壮紧实	□匀整	□稍有嫩梗	□灰绿润	□清高	□浓爽	□黄绿 □亮	□肥厚 □黄绿亮
二级	□尚肥壮	□尚匀整	□有茎梗	□青绿	□纯正	□浓尚醇	□黄绿	□尚匀嫩 □黄绿
三级	□粗实	□欠匀整	□有梗片	□绿黄稍花	□平正	□尚浓 □稍粗	□绿黄	□欠匀绿黄

表5-24　中小叶种精制茶各级感官品质要求

级别	要求							
	外形				内质			
	条索	整碎	净度	色泽	香气	滋味	汤色	叶底
特级	□肥壮有锋苗 □有毫	□匀整	□净	□绿 □油润	□嫩香	□浓厚 □鲜爽	□黄绿 □明亮	□肥嫩软匀齐 □绿明亮
一级	□紧结 □有锋苗	□匀整	□尚净	□绿 □润	□清香	□浓醇爽	□黄绿 □尚明亮	□嫩匀 □绿明亮
二级	□尚紧结	□尚匀整	□有嫩茎	□绿 □尚润	□尚清香	□尚浓爽	□黄绿 □尚亮	□嫩尚匀 □绿亮
三级	□尚紧	□尚匀整	□稍有茎梗	□黄绿	□纯正	□醇和	□黄绿 □稍明	□尚嫩匀 □尚绿亮
四级	□稍松	□尚匀	□有茎梗	□黄绿	□平正	□尚醇和	□黄绿	□稍有摊张 □黄绿
五级	□稍粗松	□尚匀	□有梗朴	□黄绿 □稍枯	□稍粗	□平和	□黄 □稍暗	□稍粗大 □黄绿稍暗
六级	□粗松 □轻飘	□欠匀	□多梗朴片	□黄 □稍枯	□粗	□粗淡	□黄 □暗	□粗硬 □稍黄暗

表 5-25　中小叶种精制茶各级感官品质要求

级别	叶形				内质			
	条索	整碎	净度	色泽	香气	滋味	汤色	叶底
一级	□肥嫩紧实 □有锋苗	□匀整	□稍有嫩茎	□深绿润 □白毫显露	□清香	□浓醇	□黄绿 □明亮	□柔嫩有芽 □绿黄 □明亮
二级	□肥大紧实	□匀整	□有嫩茎	□深绿 □尚润	□清纯	□醇和	□黄绿 □尚亮	□尚肥嫩 □绿黄 □尚亮
三级	□壮实	□尚匀整	□稍有梗片	□深绿 □带褐	□纯正	□平和	□绿黄	□尚软 □绿黄
四级	□粗实	□尚匀整	□有梗朴片	□绿黄 □带褐	□稍粗	□稍粗淡	□绿黄 □稍暗	□稍粗 □黄稍褐
五级	□粗松	□欠匀整	□梗朴片较多	□带褐 □枯	□粗	□粗淡	□黄 □暗	□粗老 □黄褐

表 5-26　中小叶种精制茶各级感官品质要求

级别	叶形				内质			
	条索	整碎	净度	色泽	香气	滋味	汤色	叶底
特级（春蕊）	□肥嫩紧直 □显锋苗	□匀整	□净	□墨绿润泽 □白毫特多	□清香 □浓郁	□醇厚爽	□黄绿 □清澈	□肥嫩多芽 □黄绿明亮
一级（黄芽）	□肥嫩紧结 □有锋苗	□匀整	□稍有嫩茎	□墨绿尚润 □白毫多	□清香	□浓郁	□黄绿 □明亮	□嫩匀有芽 □黄绿尚亮
二级（春尖）	□肥嫩尚紧 □尚有锋苗	□尚匀整	□有嫩茎	□墨绿尚匀 □白毫尚多	□尚清香	□浓尚醇	□黄绿 □尚亮	□尚嫩匀
三级（甲配）	□粗壮 □尚紧	□尚匀整	□稍有朴片	□墨绿欠匀 □有白毫	□纯正	□平和	□绿黄 □尚亮	□尚匀黄绿 □稍有红梗红叶
四级（乙配）	□粗松 □稍松	□欠匀整	□有朴片	□墨绿欠匀 □稍有白毫	□平正	□稍粗淡	□绿黄	□欠匀绿黄 □有红梗红叶
五级（丙配）	□粗松	□欠匀整	□朴片稍多	□绿黄 □花杂	□稍粗	□粗淡	□绿黄 □稍暗	□欠匀 □黄稍暗 □有红梗红叶

表 5-27　理化指标

项目	指标					
	毛茶				精制茶（成品茶）	
	炒青	烘青	蒸青	晒青	其他成品茶	晒青精制茶
水分（质量分数）/%≤	7.0			9.0	7.0	9.0
总水分（质量分数）/%≤	7.5			7.5		
碎末茶（质量分数）/%≤	6.0			—		
粉末（质量分数）/%≤	—			0.3	1.0	
水浸出物（质量分数）/%≥	36					
粗纤维（质量分数）/%≤	16.0					
水溶性灰分，占总灰分（质量分数）/%≥	45.0					
酸不溶性灰分（质量分数）/%　≤	≥1.0α；≤3.0α					
注：水浸出物、水溶性灰分、酸不溶性灰分、水溶性灰分碱度、粗纤维为参考指标						
α当以每100g磨碎样品的毫克分子表示水溶性灰分碱度时，其限量为：最小值17.8，最大值53.6						

资料来源：GB/T 14456.2—2008。

二、能力训练

（一）训练条件

不同等级绿茶茶样 4～6 个、鉴评室、鉴评配备用具。

（二）训练目的

（1）掌握不同等级绿茶鉴评方法及不同鲜叶嫩度与品质的影响；

（2）掌握不同等级绿茶各项品质特征描述。

（三）要求形式

（1）通过在规范茶叶鉴评室现场对不同等级绿茶茶样进行鉴评；

（2）进行不同等级绿茶各项品质特征的描述，形成品质报告及总结，进行实操训练。

（四）训练步骤

（1）分为 6 组，其中一名学员担任组长，负责组织其余学员的课堂秩序，学习中进行合理分工，使组内学员高效地完成实训任务，准备工作包括备具、烧水、取样等。

（2）每组根据组内分工进行“不同等级绿茶”鉴评工作，取样茶 3g，按序冲泡，计时 4min，参照“评外形—闻香气—看汤色—尝滋味—看叶底”步骤，依次进行外形及内质的鉴评，并做鉴评报告单记录工作。

（3）各组组长合理分配，每组进行总结，从不同等级品质术语、不同等级品质特征描述、品质概括等方面进行。

（4）每组完成后，其他学员对其通过线上工具进行评价和补充完善，教师总结点评。

（5）实训任务结束，小组进行总结记录，形成鉴评报告，并各自完成整理。

（6）清洗器具并归位，实训场所恢复工作。

表 5-28　不同等级绿茶鉴评报告单

茶名	外形				内质			
	形状	色泽	整碎	净度	香气	汤色	滋味	叶底
分数								
分数								
分数								
分数								
分数								
分数								

三、训练评价

训练评价结果填入表 5-29。

表 5-29　训练评价表

序号	评价内容	自评 30%	组间互评 30%	教师评分 40%	实际得分
1	准备工作（20 分）				
2	鉴评工作（20 分）				
3	记录工作（20 分）				
4	总结工作（30 分）				
5	恢复工作（10 分）				
合计					

四、应用情景

情景一

你在茶厂工作，今天师傅生产了一批绿茶，需要你根据所学，并参考相关文字标准样，对这一批茶叶进行定级，并做初步的定价工作。

情景二

你在茶叶企业工作，今天新进了一批绿茶，请参照原来企业的相关标准样，对新进的茶叶做定级处理，同时，为该批茶叶做出定价，配套相应的营销方案。

五、问题情况

1. 大叶种不同等级绿茶与中小叶种不同等级绿茶的品质区别是什么？

____

____

____

2. 如何进行不同等级绿茶鉴评？

____

____

____

3. 不同等级鲜叶对绿茶品质的影响是什么？

六、课后作业

1. 根据实物茶样的品质特征与绿茶相关文字标准中的品质特征进行对比，进行不同等级绿茶品质特征总结。

2. 请根据茶叶鉴评操作要求，课后完成四大类型中的1～2类不同等级绿茶鉴评实训。

课后笔记：

任务三　能鉴别不同季节绿茶品质特征

【核心概念】

（1）不同季节绿茶品质特征形成：原因是茶树新梢生长随季节环境条件，如温度、光照、水分的变化，鲜叶的嫩度、叶色、芽叶大小也发生相应变化，形成季节茶的外形特征。

（2）不同季节绿茶：春茶一般指从当年立春后到立夏前采摘制作的茶叶，夏茶指立夏后到立秋前采摘制作的茶叶，秋茶指立秋后到霜降前采摘制作的茶叶，不同地区的气候和茶树生长情况有所不同，具体的采摘时间可能会有一定的偏差。

【学习目标】

（1）掌握不同季节绿茶外形品质特征。

（2）掌握区分不同季节绿茶的鉴评能力。

一、基本知识

（一）绿茶类不同季节茶叶的外形鉴评

不同季节茶叶外形，一般以春茶为优，夏、秋茶次之。其原因是茶树新梢生长随季节环境条件，如温度、光照、水分的变化，鲜叶的嫩度、叶色、芽叶大小也发生相应变化，形成季节茶的外形特征。毛茶的季别特征明显，精制茶经过拼配就模糊了，一般体现在内质级别上。大叶种绿茶的季节特征，与华南地区夏季多雨、春冬干燥的气候环境有关。下面介绍不同季节茶在外形上的区别，见表5-30。

表5-30　不同季节绿茶外形区别

季节	大叶种		中小叶种	
	形状	色泽	形状	色泽
春茶	条索较为紧结沉实，茶芽肥长丰满，叶位间嫩度相近，嫩梗扁缩弯曲，外形匀齐	色泽绿匀	条索紧结沉实，茶芽肥长丰满，外形匀齐	色泽绿匀光润
夏茶	云南大叶种夏季生长旺盛，叶肉较肥厚，持嫩性好，茶芽肥长条索紧结，较春茶硕壮	色泽绿匀接近春茶	叶位间嫩差异大，条索粗细不匀，茶梗一般不扁缩，身骨较轻，茶芽短而瘦小	干茶色泽青绿、欠光润
秋茶	条索重实，比夏茶细，但匀度不及春夏茶	色泽青绿带暗	叶张较小而薄，条索细紧欠重实，茶芽短小	—

（二）绿茶类不同季节茶叶的内质鉴评

绿毛茶季别茶鉴评，内质主要看叶底、汤色，结合评香气、滋味。绿茶品质一般以春茶最好，秋茶次之，夏茶较差。经过拼配的成品茶，一般高档茶才具有春茶品质特征。

春茶：香气高长清纯，一般表现嫩香、清香、栗香，滋味醇厚，无粗涩感，汤色明净，嫩绿浅黄，叶底厚软、色泽黄绿明亮。

夏茶：香气欠纯，一般带青辣气味，滋味欠醇，有青涩或苦涩感，汤色较浅带青绿色，叶底较硬，叶脉显露，叶片大小不匀。

秋茶：香气清纯，滋味较夏茶醇和，汤色清澈青绿，叶底薄硬，芽叶较小，色绿欠亮。

图5-11　云雾绿茶（春）

图 5-12　云雾绿茶（春末）

图 5-13　云雾绿茶（夏）

图 5-14　云雾绿茶（秋）

二、能力训练

（一）训练条件

不同季节绿茶茶样 4 个、鉴评室、鉴评配备用具。

（二）训练目的

（1）掌握不同季节绿茶鉴评方法；

（2）掌握不同季节绿茶各项品质特征描述。

（三）要求形式

（1）通过在规范茶叶鉴评室现场对不同季节绿茶茶样进行鉴评；

（2）进行不同季节绿茶鉴评实操训练，形成品质报告及总结。

（四）训练步骤

（1）分为 6 组，其中一名学员担任组长，负责组织其余学员的课堂秩序，学习中进行合理分工，使组内学员高效地完成实训任务，准备工作包括备具、烧水、取样等。

（2）每组根据组内分工进行“不同季节绿茶”鉴评工作，取样3g茶，按序冲泡，计时4min，参照“评外形—闻香气—看汤色—尝滋味—看叶底”步骤，依次进行外形及内质的鉴评，并做鉴评报告单记录工作。

（3）各组组长合理分配，每组进行总结，从不同季节品质术语、不同季节品质特征描述、品质概括等方面进行。

（4）每组完成后，其他学员对其通过线上工具进行评价和补充完善，教师总结点评。

（5）实训任务结束，小组进行总结记录，形成鉴评报告单（表5-31），并各自完成整理。

（6）清洗器具并归位，实训场所恢复工作。

表5-31　不同季节绿茶鉴评报告单

茶名	外形				内质			
	形状	色泽	整碎	净度	香气	汤色	滋味	叶底

三、训练评价

训练评价结果填入表5-32。

表5-32　训练评价表

序号	评价内容	自评30%	组间互评30%	教师评分40%	实际得分
1	准备工作（20分）				
2	鉴评工作（20分）				
3	记录工作（20分）				
4	总结工作（30分）				
5	恢复工作（10分）				
合计					

四、应用情景

情景一

如你是在一家主要生产绿茶的茶叶企业上班，正值春茶生产季节，现在加工出来了一批绿茶，已经装好入库，现在需要你为该批茶叶建档立卡，请在上面对该批茶叶进行品质备注描述记录，以便后续拼配使用。

情景二

在年复一年的绿茶生产过程中，今年的茶叶品质受雨水的影响特别大，优质绿茶的生产，需要考虑的因素较多，本着工匠精神，负责茶叶生产也需要精益求精，请对今年不同季节茶与去年不同季节茶的对比，总结经验，为明年的茶叶生产品质提升做出经验总结。

五、问题情况

1. 不同季节绿茶的品质区别。

______

______

______

2. 如何进行不同季节绿茶的辨别？

______

______

______

六、课后作业

1. 根据实物茶样的品质特征进行不同季节绿茶品质特征总结。
2. 请根据茶叶鉴评操作要求，课后复习不同季节绿茶鉴评实训。

课后笔记：

______

______

______

______

______

任务四　能鉴别常见绿茶品质弊病

【核心概念】

1. 绿茶常见外形品质弊病：粗松、松条、欠圆浑带扁、断碎、团块、黄白泡等。

2. 绿茶常见内质品质弊病：水闷气、低闷、烟气、焦气、异气、黄汤、红汤、浑浊、熟闷味、青涩味、苦涩、酸馊味、焦味等。

【学习目标】

1. 能够分辨常见绿茶品质弊病。

2. 能够分辨部分名优绿茶常见品质弊病。

一、基本知识

绿茶常见外形品质弊病的形成原因及改进措施见表5-33。

表5-33　绿茶常见外形品质弊病的形成原因及改进措施

常见弊病		形成原因	改进措施	
条索	粗松、松条	(1) 原料嫩度差或老嫩不匀； (2) 揉捻不足，造成松条； (3) 锅炒茶投叶过少、火温过高	(1)、(2) 见于大叶种绿茶	调节揉捻时间和压力，以揉出茶汁、紧卷成条、不破碎为适度；控制原料采摘标准
	欠圆浑带扁	(1) 揉捻投叶量过多，揉转不匀； (2) 加压过早、过重	见于大叶种绿茶	调整投叶量，投叶时不能紧压；掌握加压、松压原则
	断碎	(1) 揉捻过度，压力过重，揉捻含水量较高； (2) 炒三青后期搓揉过重或炒三青时茶条未受热回软过早搓揉； (3) 大叶种绿茶滚条、车色时间过长	(2)、(3) 大叶种绿茶常见	掌握揉捻适度标准；避免赶时间用重压短时揉捻成或一压到底；滚条、车色应掌握投料与时间关系
	团块	(1) 杀青叶含水量高，扬炒摊凉不足； (2) 揉捻压力过大，解块不够不匀	大叶种绿茶常见	改进解块机滚筒上“解齿”密度
	黄白泡	(1) 杀青或炒二、三青时火温过高； (2) 翻炒不勤不匀		高温杀青或炒茶翻炒要匀要快；火力求均匀，火温先高后低

续表

常见弊病		形成原因	改进措施	
干茶色泽	红筋红梗	(1) 采摘时鲜叶渥红，老嫩不匀；(2) 杀青温度低，翻炒不匀不足；(3) 揉捻后未及时干燥或干燥温度低	(2) 大叶绿茶常见	鲜叶摊放不过厚过久；杀青叶温度应在75～80℃，要杀透杀匀；揉叶及时干燥；初干温度不低于120℃
	灰暗	(1) 揉捻过度，初干温度偏低；(2) 在潮湿环境拣剔，茶叶受潮	(2) 大叶种绿茶偶见	掌握揉捻适度，避免摩擦过度；拣剔时应注意防潮
	灰黄	(1) 回锅时间过长或火温过高；(2) 复干机滚条温度过高，时间过长	(2) 大叶种绿茶偶见	掌握温度不超过80℃

(一) 常见品质弊病及形成原因

各种原因如表5-34。

表5-34 常见品质弊病及形成原因

常见弊病		形成原因
香气	水闷气	雨水青，杀青采用闷炒，炒二青温度过低，水气没有充分散发
	低闷	杀青叶摊凉不足，温坯揉捻，初干温度偏低，常见于大叶绿茶
	烟气	炉灶漏烟，受烟熏污染
	焦气	杀青、二青、三青温度过高，翻炒不匀；二青茶汁粘锅焦化；干燥温度太高或宿叶混入
	异气	贮放过程受异气污染；包装材料污染；手工操作人员异气引起
汤色	黄汤、红汤	鲜叶保管不良；杀青温度太低或杀青不足；揉叶没有及时干燥；干燥温度偏低、投叶太厚闷黄
	浑浊	鲜叶堆积失鲜；杀青扬炒不足，含水量高；热坯揉捻或过度
滋味	熟闷味	多出现于嫩茶，滋味熟软低闷不快。因杀青低温“闷杀”过长闷熟，或炒干温度低、时间长
	青涩味	鲜叶不经摊青直接制茶；高温短时杀青，闷杀后扬炒不足，常见于大叶绿茶
	苦涩	鲜叶未经摊放直接制茶；揉捻过度；茶园缺有机肥，紫色芽叶多，常见于大叶绿茶
	酸馊味	气味馊酸（汤色混黄、叶底色带暗）。因鲜叶堆闷部分变质，或揉坯摊放过厚过久；机具不洁
	焦味	夹杂严重的焦条碎末，与烟焦气同时存在
叶底	红梗红叶	杀青温度太低，或杀青不足；鲜叶挤压受伤，未及时初制
	烧条焦末	叶底有黑褐色焦叶碎片，系杀青温度太高，翻炒不匀，干燥温度太高所致

(二)名优绿茶常见品质弊病的识别

1. 名优绿茶外形常见品质弊病的识别

表 5-35　名优绿茶外形常见品质弊病的识别

形状不符合该类名优茶的形状规格要求，或者造型没有特色，只相当于一般炒青或烘青形状		
扁形茶	龙井	宽松，形状不紧，边缘不光削
		直狭长，不扁平，条形过于细紧
		弯曲，不平滑挺直
螺形茶	碧螺春	茸毛成团或球状，不紧贴茶条表面
		条索较粗不纤细
		条索较直不像螺旋形
针形茶	南京雨花茶、安化松针等	条索较粗圆不紧细
		条弯曲不挺直
		两头不尖，锋苗不显
色泽 不符合该茶类应具备的外形色泽，或者色泽缺少光泽，不鲜活，出现黄、暗、枯等不正常色		
扁形茶	龙井	墨绿或暗绿：不像梅坞龙井那样翠绿，缺乏光泽和鲜活感
		枯黄或死黄：不像狮峰龙井那种嫩绿有新鲜感的“糙米黄”，而是靠火功逼出来的枯黄色或死黄色
螺形茶	碧螺春	黄绿欠翠：茸毛发黄，茶色缺少光泽和新鲜感
		嫩黄：芽叶在搓团显毫时用力不当，茸毛黏附在芽上不显露
		墨绿：茸毛暗黄，茶色深绿
整碎、欠匀整或断碎		
扁形茶	龙井	不光滑平伏
		断碎、不完整
螺形茶	碧螺春	条索不匀齐
		碎茶含量过多
净度		
扁形茶	龙井	含单叶黄片
		含断碎茶芯、碎末
螺形茶	碧螺春	含鱼叶和小黄片
		含小茶团（搓团后没有解开），嫩茎、小茶果

2. 名优绿茶内质常见弊病的识别

表 5-36　名优绿茶内质常见弊病的识别

内质	常见弊病
汤色	色泽偏黄、不鲜艳，浑浊不清澈
香气	低闷、高火、烟焦、青气
滋味	欠鲜爽，水闷味，苦涩味
叶底	不成朵，单张叶多（六安瓜片除外），叶底偏黄、欠明亮，有青张、红茎红蒂

二、能力训练

（一）训练条件

含有品质弊病的绿茶茶样 3～4 个、鉴评室、鉴评配备用具。

（二）训练目的

能够分辨常见绿茶品质弊病。

（三）要求形式

通过不同品质弊病的绿茶鉴评实操训练，形成品质报告及总结。

（四）训练步骤

（1）分为 6 组，其中一名学员担任组长，各组进行备具、烧水、取样等准备工作。

（2）每组取样 3g 茶，按序冲泡，计时 4min，参照“评外形—闻香气—看汤色—尝滋味—看叶底”步骤，依次进行品质鉴评，并做鉴评报告单（表 5-37）记录工作。

（3）鉴评结束后各组进行总结。

（4）实训任务结束，小组进行总结记录，形成鉴评报告，并各自完成整理。

（5）清洗器具并归位，实训场所恢复工作。

表 5-37　不同季节绿茶鉴评报告单

茶名	外形				内质			
	形状	色泽	整碎	净度	香气	汤色	滋味	叶底

三、训练评价

训练评价结果填入表 5-38。

表 5-38　训练评价表

序号	评价内容	自评 30%	组间互评 30%	教师评分 40%	实际得分
1	准备工作（20 分）				
2	鉴评工作（20 分）				
3	记录工作（20 分）				
4	总结工作（30 分）				
5	恢复工作（10 分）				
合计					

四、应用情景

情景一

在某评茶大赛中，假如你作为评茶助手有幸参加了专业的评茶大赛，在对这一批绿茶做了相关评分后，需要进行术语描述，请尝试整理评茶术语过程中分析其各自的知识进行分析，并与茶农探讨分析，力求指导当地茶叶品质的提升。

情景二

假如你是大型绿茶企业的品质监控部门成员，现在手头有几批茶样，都各自有其相关的品质弊病，请用你的专业知识，分析其相关品质弊病，并尝试采用拼配手段，将基准茶调配至目标茶样，进行品质的提升和价格的把控。

五、问题情况

1. 常见绿茶品质弊病主要体现在哪些方面？

2. 举例绿茶常见内质品质弊病的形成原因及改正措施。

六、课后作业

1. 深入一家绿茶企业，对其主要产品进行鉴别，分析其相关品质的优缺点。
2. 针对一款熟悉的绿茶产品，进行相关生产考察，尝试做对应的品质提升指导。

课后笔记：

项目六

红茶品质鉴评

【知识目标】

（1）识别红茶弊病，熟知其产生原因、改进措施及加工工艺。

（2）掌握不同品种对红茶品质影响及各地主产品种、特征。

【技能目标】

（1）精准识别红茶各类品质弊病并分析成因。

（2）能依不同地区特点熟练鉴评红茶品质。

【素养目标】

（1）培养严谨细致、追根溯源的探究态度。

（2）塑造专业专注、善于优化的红茶鉴评素养。

红茶品质鉴评

任务一　能鉴别不同地区红茶品质特征

【核心概念】

（1）红茶主要产区：福建、安徽、云南、广东、浙江等。

（2）各产区代表茶：福建正山小种、安徽祁门红茶、云南滇红、浙江杭州九曲红梅、广东英德红茶等。

【学习目标】

（1）掌握红茶的基本加工工艺。

（2）掌握不同地区红茶的品质特征。

一、基本知识

(一) 红茶加工工艺

中国红茶加工已有200多年的历史，按生产历史的先后和加工的不同分为小种红茶、工夫红茶和红碎茶三种。

红茶的加工工艺主要包括“鲜叶—萎凋—揉捻（切）—发酵—干燥”，而小种红茶在其制作中增加了过红锅和熏焙两道工序。

萎凋是鲜叶逐渐适度失水和内含物转化的过程，目的是为揉捻（切）和发酵做好准备。

工夫红茶一般应掌握萎凋叶含水量在60%～64%为宜，红碎茶以58%～62%为宜。水分掌握的原则：春茶略低，夏茶稍高；嫩叶略低，老叶稍高；大叶种略低，中、小叶种稍高。方法有室内自然萎凋、日光萎凋、萎凋槽和萎凋机萎凋。

揉捻（切）目的是使叶组织破损，加速多酚类的酶促氧化，塑造茶叶外形，增加茶汤浓度。

盘式揉捻机进行揉捻；红碎茶，先用揉捻机打条，再用转子机切碎，或CTC红碎茶制作程序直接用CTC机组、LTP机切碎。

发酵是揉捻（切）叶在一定的温度、湿度和供氧条件下，以多酚类为主体的生化成分发生一系列化学变化的过程。小种红茶、工夫红茶的发酵在发酵筐中完成，红碎茶的发酵在发酵车或发酵机中进行。发酵时间为小种红茶5～6h，工夫红茶3～5h，红碎1h鲜叶茶在1～2h。

干燥目的是终止酶促氧化，散失水分，散发青草气，提高和发展香气。采用烘干机分毛火和足火两次烘干。毛火高温，足火低温，毛火温度115℃左右，足火温度90℃左右；毛火完成后茶叶含水量在20%左右，足火完成后茶叶含水量控制在4%～5%。

萎凋槽萎凋过红锅是小种红茶加工的特殊处理过程。它的作用在于停止发酵，保存一部分可溶性茶多酚，使茶汤浓厚，并在高温中使青臭味挥发，增加小种红茶的香气。“过红”操作在锅子中进行，当锅温升高到200℃以上时，投发酵叶10～1.5kg，迅速翻炒2～3min，最多不超过5min，至叶软即起锅。

烟熏烘焙是小种红茶又一特殊处理工艺。在毛火时进行，将“过红”复揉后的茶叶分别摊放于水筛（厚7～10cm）上，置于烘青间楼下吊架上，下烧未干的松木。松烟上升被茶叶吸收，使干茶带松香味，成为小种红茶独特的特征。其间必须翻拌1～2次，烘至8～9成干时下烘摊凉。

(二) 红茶内质形成

1. 红茶的汤色

红茶汤色要求红艳明亮。由于呈色成分的量和比例不同，有深浅、亮暗、清浊等区别。其中以红艳、明亮、清澈为优；红暗、黄淡、混浊为差。

红茶汤色由各种水溶性有色物质组成。主要的呈色成分是多酚类的氧化产物。尤其是儿茶素类的氧化产物——茶黄素、茶红素、茶褐素，它们的含量高低与配比决定着红茶汤色的质量。

儿茶素的氧化产物，主要产生于初制的“发酵”过程。在酶的作用下，儿茶素迅速发生氧化，经聚合、缩合作用，首先形成茶黄素，再经进一步氧化，转化生成茶红素、茶褐素。

茶黄素的水溶液呈鲜明的橙黄色，是形成红茶茶汤明亮度和“金圈”的最主要物质；茶红素色泽棕红，是茶汤中“红”的主要成分；茶褐素色暗褐，茶汤中含量太多时，汤色变暗，其含量与红茶品质呈负相关关系。茶黄素含量大于0.7%，茶红素含量大于10%，茶红素与茶黄素比值应在10～15，茶褐素较少，茶汤品质为优良。

红茶茶汤冷却后，往往会产生“浑浊”现象，称为“冷后浑”，是茶汤浓度好的标志。“浑浊”物是茶黄素、茶红素分别与咖啡碱冷却时络合形成乳状物，析出沉淀或悬浮于茶汤，再次加热或加少量热水使茶汤变回明亮。冷后浑的程度取决于茶黄素、茶红素总含量；乳状络合物的色泽随茶红素与茶黄素的含量比值而异，比值小时颜色橙黄，比值大时颜色灰暗。

红茶茶汤加入牛奶后显现的色泽，俗称“乳色”。茶汤品质不同，乳色不同，粉红或棕红的，品质好；姜黄或灰白的，品质较差。乳色的形成是由茶汤中的茶黄素、茶红素、茶褐素分别与牛奶中的蛋白质相结合，综合形成的色泽。

乳色的表现取决于茶汤色素成分的含量及含量比。茶汤中茶黄素含量越高，乳色越明亮；茶红素、茶褐素含量高，茶黄素相对较低，乳色灰暗。

2. 红茶的香气

红茶的香气一般为甜香，要求清鲜高爽。因产品种类、鲜叶品种、产地、季节等不同，有的具有特有的花香或蜜糖香。

红茶香气的芳香物质，已知的成分有400多种。含量比鲜叶稍低，但芳香成分的种类数量比鲜叶高5倍多，其中醛类48种、酮类43种、含氮化合物41种、酯类38种，其他含量较多的有酸类24种、杂环化合物17种、内酯类15种等。在红茶制造中，芳香物质种类增加最多的是醛类、酮类和含氮化合物，比鲜叶增加40多种；醇类、酯类成分也成倍增加。对红茶香气有帮助的内酯类15种，杂环化合物17种，是鲜叶中没有的。

一般红茶的香气形成在以下两个阶段。

第一阶段，发生于萎凋、揉捻（切）、发酵过程，尤其是揉捻、发酵阶段，除了非挥发性的糖苷前体物（即香气分子通过氧键合糖类的物质）水解释放香气物质以外，还有与茶多酚氧化相关偶联的化学反应过程产生的相应的香气物质，如氨基酸氧化脱氨形成羟基化合物，异构化反应如顺式－青叶醇（青草气）转化反式－青叶醇（清香气）。

第二阶段，发生于干燥过程，由于水热作用，高级脂肪酸转化成醇、醛，醇类氧化生成醛类、酸类，类胡萝卜素降解生成β－紫罗酮及其衍生物、萜烯类化合物的醛和酮、芳樟醇，糖与氨基酸的美拉德反应（也称羰氨反应）产生吡嗪类、吡咯类衍生物等。鲜叶的芳香物质，制茶中大量转化或挥发逸失，仅部分参与成茶的香气组成。红茶香气形成比绿茶复杂得多，香气组成成分也比绿茶多近3倍。

红茶的香气，是内含芳香成分综合协调的结果，并没有单一或一组的红茶香气化合物。不同产地、鲜叶采摘标准、加工工艺，其芳香物质组成及其含量比例不同，香型表现各有特点，所以应有各自的特征性成分。如中国祁红以玫瑰花香和浓厚的木香为特征。因它含有较高含量的香叶醇、苯甲醇和2—苯乙醇；而斯里兰卡的高地茶以清爽的铃兰花香和甜润浓厚的茉莉花香为特征，这是因为它含有高浓度的芳樟醇、茉莉内酯、茉莉酮酸甲酯等化合物。

一般认为，对红茶特征香气有重要作用的成分有芳樟醇及其氧化物、香叶醇、茉莉酮酸甲酯、茉莉内酯、二氢海葵内酯、茶螺烯酮、β—紫罗酮等，是红茶共有的香气物质。

3. 红茶的滋味

红茶的滋味，有工夫红茶和红碎茶两个类型。工夫红茶以浓、醇、鲜爽为主；红碎茶以浓、强、鲜爽为主。这是由于加工方法不同，工夫红茶叶组织的损伤程度较轻，发酵时间较长，干燥叶温较低，滋味较为醇和；相反，红碎茶叶组织损伤程度高，发酵快速一致，儿茶素及其氧化产物茶黄素等收敛性物质含量多，故风格不同。

构成茶汤“浓度”的水溶性物质，有多酚类（主体是儿茶素）、茶黄素、茶红素、茶褐素、双黄烷醇、氨基酸、咖啡碱、可溶性糖、水溶性果胶、有机酸、无机盐及少量的水溶蛋白等。“浓度”即“浓厚”的程度。茶汤中可溶性物质含量高，也就是水浸出物多，其中主要物质如多酚类及其氧化物和其他呈味成分高，则浓度好，作为一种风格“质感”，浓度成分中，个别的量和比例是不同的，并由此派生出“浓醇”“浓强”“鲜爽”等。

形成茶汤“鲜爽度”的重要成分是儿茶素、茶黄素、氨基酸、可溶性糖、茶黄素与咖啡碱的络合物等。“鲜”来自氨基酸、双黄烷醇、可溶性糖等；“爽”来自儿茶素、茶黄素、茶黄素与咖啡碱的络合物等物质影响，这与绿茶不同，因绿茶的鲜爽与氨基酸含量相关性高。

茶汤的“强度”构成，包括儿茶素、茶黄素、茶红素、双黄烷醇、黄酮类和酚酸类等。它们的共同特性是都具有不同程度的收敛性。而茶汤的强度与收敛作用相关。形成强度的成分中，最重要的是茶黄素、儿茶素，尤其是酯型儿茶素、某些类型的茶红素等收敛性成分，以及与其他滋味成分的协调关系。

4. 红茶的叶底色泽

形成红茶叶底色泽的色素成分，主要来自多酚类的氧化产物与蛋白质结合的沉淀物，也有来自多酚类自身不溶性聚合缩合物，以及其他有色化合物。多酚类的氧化产物茶黄素、茶红素、茶褐素等，在发酵过程中均能与蛋白质相结合，由水溶性变成水不溶性物质，沉积于叶子表面成为红茶叶底色泽，其颜色因不同品质可能呈现橙黄、棕红、暗褐。红茶的叶底色泽，以红艳或红亮为佳；色泽红暗、乌暗、花青为差。

叶绿素在萎凋过程中，除部分产生水解外，大部分在发酵过程中伴随着多酚类物质的氧化产生脱镁而被破坏，消失量为鲜叶的70%～80%，剩余的在干燥阶段的水热作用下，又继续降解变色。在正常情况下，叶底叶绿素含量是很少的，残留部分被量多的多酚类氧化色素结合物所掩盖，显不出绿色。

（三）红茶鉴评常见术语

1. 红茶外形鉴评常见术语（表 6-1）

表 6-1　红茶外形鉴评常见术语

外形因子	评比项目	术语描述
形状	紧结度	紧结—尚紧结—松泡、粗松
	锋苗、含毫量	显露—有—少—无
	重实度	重实—尚重实—轻飘
色泽	润枯	乌润—乌尚润—乌欠润—枯暗—灰枯
	匀度	调匀—尚调匀—驳杂
整碎	工夫红茶	平伏、匀称
	其他条形茶	匀整、短碎
净度	高级茶	不含老梗、片朴、筋皮
	低级茶	有少量夹杂

2. 红茶内质鉴评常见术语（表 6-2）

表 6-2　红茶内质鉴评常见术语

内质因子	评比项目	术语描述
香气	类型	鲜甜香、甜香、焦糖香
	高低	高锐、浓郁、甜和—醇正—平正—淡—粗淡
	持久性	高长—持久—尚持久—低短
	弊病	粗青、青草气、生青
汤色	色泽	红艳—红浓—红亮—红明—暗
	清浊度	清澈—尚清—浊—暗浊 冷后浑（茶汤冷却后出现乳状浑浊）
	加奶后汤色	粉红—姜黄—灰白
滋味	浓淡醇涩	浓醇、甜浓、醇厚、鲜醇—醇和—平淡—粗淡
叶底	嫩匀度	柔软、肥厚、薄硬；匀—欠匀
	色泽	铜红—红—乌
	亮度	明亮—暗—暗杂
	弊病	乌条、花青

(四) 不同地区红茶品质特征

1. 小种红茶（表6-3）

表6-3　小种红茶品质特征

序号	茶名	外形	内质				产地
			汤色	香气	滋味	叶底	
1	正山小种	紧实粗直，不带芽毫，色泽乌润有光	深红	香高持久，具松烟香	醇厚，有似桂圆汤味	厚实光滑，呈古铜色	福建武夷山桐木关一带
2	外山小种	近似正山小种	略深	松烟香，淡淡焦味	醇和	呈古铜色，叶片比正山小种稍小	福建福安坦洋、政和、屏南、古田等
3	人工小种（烟小种）	近似正山小种	稍浅	松烟香	醇和	略带古铜色	福建

2. 工夫红茶（表6-4）

表6-4　工夫红茶品质特征

序号	茶名	外形	内质				产地
			汤色	香气	滋味	叶底	
1	祁红	细紧苗秀，锋苗好，平伏匀称，乌润略带灰光	红艳明亮	类似蜜糖香气，持久不散	鲜醇甘润	细匀红亮	安徽祁门及其毗邻各县
2	滇红	紧结肥壮重实，金毫特多，匀整；乌润带红褐	红艳带金圈	高鲜，带花果香	浓厚，刺激性强	肥厚、红艳明亮	云南凤庆、临沧、双江、勐海等
3	川红	紧结壮实有锋苗，多金毫，色泽乌润	红亮	鲜而带橘糖香	鲜醇爽口	红明匀整	四川宜宾
4	宜红	紧细，显金毫，色泽乌润	红亮	甜纯似祁红	鲜醇	红匀明亮	湖北宜昌、恩施等
5	宁红	紧细秀丽，金毫显露，锋苗挺拔，色泽乌润	红亮	鲜嫩甜爽	醇厚鲜甜	红嫩多芽	江西修水县
6	白琳工夫（闽红）	细长弯曲，显金毫，色泽乌黑有光	浅红亮	鲜纯有毫香	清鲜甜和	红中带黄	福建

续表

序号	茶名	外形	内质				产地
			汤色	香气	滋味	叶底	
7	坦洋工夫（闽红）	细长匀整，带毫，色泽乌润	深金黄色	稍低	醇厚清甜	红匀	福建
8	政和工夫（大茶）（闽红）	近似滇红，显毫，色泽乌润	红浓	高而鲜甜	浓厚	肥壮尚红	福建
9	政和工夫（小茶）（闽红）	条索细紧	稍浅	似祁红，但欠持久	醇和	尚红	福建
10	湖红	紧结重实，有毫，色泽乌润	红亮	甜香较高长	醇厚	红亮	湖南安化、新化等县

3. 其他优质红条茶（部分）（表 6-5）

表 6-5　其他优质红条茶品质特征

序号	茶名	外形	内质				产地
			汤色	香气	滋味	叶底	
1	金骏眉	紧细重实，锋苗挺秀，略显金毫，色泽金、黄、黑相间润泽	金黄透亮	复合型花香（蜜香、玫瑰香、桂圆干香）	醇厚甘润，汤中蕴香	细嫩匀齐，呈古铜色	福建省武夷山市桐木关
2	遵义红	紧细圆直，金毫显露，色泽乌润	金红明亮	甜蜜花果香显持久	甘鲜醇厚	嫩厚多芽	贵州省遵义市湄潭
3	信阳红	紧细、匀整多毫，色泽乌黑油润	红亮剔透	清甜持久	醇厚甘爽	嫩匀红亮	河南省信阳市
4	九曲红梅	细紧弯曲如鱼钩，色泽乌润	橙黄明亮	清鲜甜纯带花香	鲜醇爽口，回味甘甜	红润均匀	浙江省杭州市西湖区双浦镇
5	古丈红	紧细显金毫，色泽乌润	红（或金红）明亮	甜香高锐持久、有明显的花果香或蜜糖香	鲜醇甘甜	匀嫩多芽	湖南省古丈县，地处武陵山腹地

续表

序号	茶名	外形	内质				产地
			汤色	香气	滋味	叶底	
6	莓蓝芳	紧细苗秀，匀整锋苗显，色泽乌黑润泽，有金毫	金黄透亮	馥郁具花果香	鲜醇甘润，汤中蕴香	细嫩多芽、匀齐红亮	浙江省浦江县
7	祁红香螺	卷曲如螺，金毫显露，色泽乌润	红亮	甜香高长	甜润	红亮	安徽省农业科学院茶叶研究所创制
8	利川红	细紧，平伏匀称，色泽乌润	红艳（金黄）明亮	馥郁持久	甜醇滑爽	嫩匀显芽	湖北省利川市
9	黄金红茶	紧细弯曲，金毫显露，色泽乌润	金红明亮	花蜜香高长	甜醇甘爽回甘	红亮鲜活	湖南省
10	普安红	紧细多锋苗，显金毫，色泽乌润	红亮	嫩香持久、有花果香	醇厚回甘	嫩匀红亮	贵州省黔西南布依族苗族自治州普安县
11	金毛毫	条索紧秀，金毫显露，色泽金黄油润带乌条	红亮	鲜爽带毫香	鲜淳爽滑	嫩匀红亮	广东省英德市

广东产两种茶形如图 6-1、图 6-2 所示。

图 6-1　广东金毫（2024 年制）

图 6-2　英德红茶

图 6-3　金毛毫（2023 年制）

图 6-4　金毛毫（2022 年制）

图 6-5　金毛毫（2021 年制）

图 6-6　金毛毫

图 6-7　金骏眉

图 6-8　滇红

图 6-9　条状祁门红茶

图 6-10　条状正山小种

图 6-11　英德红茶（春茶）

图 6-12　英红九号（春茶）

图 6-13　英红九号（夏茶）

图 6-14　英红九号（秋茶）

4. 红碎茶

表 6-6　红碎茶品质特征

序号	茶名	外形	内质			
			汤色	香气	滋味	叶底
1	叶茶	紧结挺直匀齐，色泽乌润	红亮	芬芳	醇厚	红亮多嫩茎
2	碎茶	颗粒重实匀齐，色泽乌润或泛棕	红艳	香气馥郁	浓强鲜爽	红匀
3	片茶	全部为木耳形屑片或皱折角片，色泽乌褐	尚红	尚纯	尚浓略涩	红匀
4	末茶	全部为砂粒状末，色泽乌黑或灰褐	深暗	低	粗涩	红暗

5. 不同产地红碎茶品质特征（部分）

表 6-7　不同产地红碎茶品质特征

序号	茶名		外形	内质	产地
1	印度红碎茶	阿萨姆红碎茶	金黄色，毫尖特多，身骨重	汤色深 香气浓 滋味具有强烈刺激性	印度东北部
		大吉岭红碎茶	大小相差很大	香气独特馥郁，似核桃香	
		杜尔司红碎茶	大叶种制成	汤色红浓欠亮 滋味刺激性强，带涩味 红亮	
2	斯里兰卡红碎茶	高山茶/半山茶/平地茶	芽尖多，色泽乌黑匀润	高山茶最好，香气馥郁，滋味浓；半山茶香气高；平地茶滋味浓而香气低	斯里兰卡
3	孟加拉国红碎茶	雪尔赫脱红碎茶	—	汤色深 香气纯和	雪尔赫脱和吉大港
		吉大港红碎茶	形状较小，色黑	汤色深 滋味较淡	
4	印度尼西亚红碎茶	爪哇红碎茶	制工精细，外形美观，色泽乌黑	高山茶有斯里兰卡红碎茶的香味，平地茶香气低滋味浓厚而不涩	爪哇和苏门答腊
		苏门答腊红碎茶	整齐	滋味醇和	
5	格鲁吉亚红碎茶		匀称平伏	汤色明亮 香气纯和 滋味醇浓 叶底红匀尚明亮	格鲁吉亚
6	东非红碎茶		颗粒紧实、匀齐，色泽棕黑油润	汤色红艳明亮 香气高扬 滋味鲜爽浓强 叶底红匀亮	肯尼亚、乌干达、坦桑里亚、马拉维等

6. 感官品质

表 6-8　大叶种红碎茶各花色感官品质要求

花色	要求				
	外形	内质			
		香气	滋味	汤色	叶底
碎茶 1 号	□颗粒紧实□金毫显露□匀净□色润	□嫩香 □强烈持久	□浓强 □鲜爽	□红艳 □明亮	□嫩匀 □红亮
碎茶 2 号	□颗粒紧实□重实□匀净□色润	□香高 □持久	□浓强 □尚鲜爽	□红艳 □明亮	□红匀 □明亮
碎茶 3 号	□颗粒紧结□尚重实□较匀净□色润	□香高	□鲜爽 □尚浓强	□红亮	□红匀 □明亮
碎茶 4 号	□颗粒尚紧结□尚匀净□色尚润	□香浓	□浓 □尚鲜	□红亮	□红 □匀亮
碎茶 5 号	□颗粒尚紧□尚匀净□色尚润	□香浓	□浓厚 □尚鲜	□红亮	□红 □匀亮
片茶 1 号	□片状皱褶□尚匀净□色尚润	□尚高	□尚浓厚	□红亮	□红匀 □尚明亮
片茶 2 号	□片状皱褶□尚匀□色尚润	□尚浓	□尚浓	□尚红明	□红匀 □尚明
末茶	□细砂粒状□较重实□较匀净□色尚润	□纯正	□浓强	□浓红尚明	□红匀

表 6-9　中小叶种红碎茶各花色感官品质要求

花色	要求				
	外形	内质			
		香气	滋味	汤色	叶底
碎茶 1 号	□颗粒紧实□重实□匀净□色润	□香高 □持久	□鲜爽 □醇厚	□红亮	□嫩匀 □红亮
碎茶 2 号	□颗粒紧结□重实□匀净□色润	□香高	□鲜浓	□红亮	□尚嫩 □匀红亮
碎茶 3 号	□颗粒紧结□尚重实□尚匀净□色尚润	□香浓	□尚浓	□红明	□尚红亮
片茶上档	□片状褶皱□匀齐□色尚润	□纯正	□醇和	□尚红明	□红匀

续表

花色	要求				
	外形	内质			
		香气	滋味	汤色	叶底
片茶下档	□夹片状□尚匀齐□色欠润	□略粗	□平和	□尚红	□尚红
末茶上档	□细砂粒状□匀齐□色尚润	□尚高	□浓	□深红□尚亮	□红匀尚亮
末茶下档	□细砂粒状□尚匀齐□色欠润	□平正	□尚浓	□深红	□红稍暗

7. 理化指标

表 6-10　理化指标要求

项目	指标	
	大叶种红碎茶	中小叶种红碎茶
水分（质量分数）/%	≤7.0	
总水分（质量分数）/%	≥4.0；≤8.0	
粉末（质量分数）/%	≤2.0	
水浸出物（质量分数）/%	≤34	≤32
水溶性灰分（质量分数）/%	≤45	
水溶性灰分碱度（以 KOH 计）（质量分数）/%	≥1.0α；≤3.0α	
酸不溶性灰分（质量分数）/%	≤1.0	
粗纤维（质量分数）/%	≤16.5	
α 当以每 100g 磨碎样品的毫克分子表示水溶性灰分碱度时，其限量为：最小值 17.8，最大值 53.6		

资料来源：GB/T 13738.1—2007《红茶第 1 部分：红碎茶》。

二、能力训练

（一）训练条件

不同地区红茶茶样 5 个（福建正山小种、安徽祁门红茶、云南滇红、浙江杭州九曲红梅、广东英德红茶等）、鉴评室、鉴评配备用具。

（二）训练目的

掌握不同地区红茶，进一步了解不同地区红茶的外形、内质的外形特点不同及各项品质特征描述。

（三）要求形式

（1）通过在规范茶叶鉴评室现场实操鉴评各地区红茶。

（2）对各类型红茶各项品质特征进行描述，形成品质报告及总结，进行实操训练。

（3）实操后进行课堂测试，对香气、滋味、外形盲评测试，进行课堂测试。

（四）训练步骤

（1）分为6组，其中一名学员担任组长，负责组织其余学员的课堂秩序，各组进行备具、烧水、取样等准备工作。

（2）每组根据组内分工进行“不同地区红茶”鉴评工作，参照“评外形－闻香气－看汤色－尝滋味－看叶底”步骤，依次进行外形及内质的鉴评，并做鉴评报告单记录工作。

（3）各组组长合理分配，每组进行总结。

（4）每组根据组内分工进行不同地区红茶“盲评测试”，主要从汤色、香气、滋味等因素进行。每组完成后，其他学员对其通过线上工具进行评价和补充完善，教师总结点评。

（5）实训任务结束，小组进行总结记录，并各自完成整理和实训场所恢复工作。

表6－11 不同地区红茶鉴评报告单

编号	茶名	外形				内质				备注
		形状	色泽	整碎	净度	香气	汤色	滋味	叶底	

三、训练评价

填写训练评价表6－12。

表6－12 训练评价表

序号	评价内容	自评30%	组间互评30%	教师评分40%	实际得分
1	准备工作（20分）				
2	鉴评工作（20分）				
3	记录工作（20分）				
4	盲评测试（30分）				
5	恢复工作（10分）				
合计					

四、应用情景

情景一

如你9月刚刚就职于一家红茶企业，企业中有一堆3月新进的红茶标签掉落了，企业老板让你在一堆红茶中分辨出各类红茶，你应该如何快速分辨？

情景二

人们都说广东产的英红九号有个特殊的品种香，如果你是红茶企业生产线的一员，如何在生产过程中区分英红九号的特色品种香并加以保持？

五、问题情况

1. 不同产区的红茶品质区别。

____

____

2. 不同地区红茶的品质特征是如何区分的？

____

____

3. 如何区分英红九号与滇红？

____

____

六、课后作业

1. 课后对不同地区红茶进行加强训练，写出品鉴报告。
2. 请列举4个不同地区红茶的品质特征。

课后笔记：

____

____

____

____

____

任务二　能鉴别不同茶树品种红茶的品质特征

【核心概念】

（1）制作红茶的主要品种：是指那些在红茶生产中被广泛应用、具有代表性，并且能够产出优质红茶产品的茶树品种。

（2）判别红茶适制性品种：是指通过对茶树品种的各项特征和特性进行综合评估和分析，来确定该品种是否适合用于制作红茶，以及其制作出的红茶在品质、风味、口感等方面的表现是否优良。需要对茶树品种的芽叶性状、内含成分、香气特性、抗逆性等多个方面进行深入研究和实践验证。

【学习目标】

（1）掌握不同品种对红茶外形、香气、滋味的主要影响。

（2）了解各地区生产红茶的主要品种知识。

一、基本知识

（一）不同品种对红茶品质影响

1. 茶树品种对红茶外形的影响

品种不同，茶树叶片的大小、形状、厚度等也不相同，这便影响到了红茶的外形。大叶种茶树的叶片较大且厚实，制成的红茶条索较为肥壮、紧结。小叶种茶树的叶片相对较小且薄，制作的红茶条索则较为细秀、紧直。

2. 茶树品种对红茶香气的影响

不同品种的茶树，其叶片中所含的芳香物质种类和含量会有所差异，这直接影响到红茶成品的香气特征。其中，大叶种茶树制成的红茶，香气浓郁、高锐。以云南大叶种制成的滇红为例，常带有独特的甜香，带有地域香。而小叶种茶树制作的红茶，香气则较为细腻、清幽，如祁门红茶所用的槠叶种茶树，其制成的茶具有优雅的兰花香。

3. 茶树品种对滋味的影响

茶树品种也决定了茶叶中茶多酚、氨基酸、咖啡碱等成分的比例，从而影响红茶的滋味。其中，大叶种茶树通常茶多酚含量较高，制成的红茶滋味浓厚、强烈。如英红九号红茶，口感浓醇，收敛性强。而中、小叶种茶树的氨基酸含量相对较高，所制红茶滋味鲜爽、甜醇，如正山小种，滋味就较为清甜甘醇。

茶树品种是决定红茶品质的关键因素之一，而红茶的品质除了受品种的影响外，同时也受原料及加工等影响，品种对红茶的影响主要体现在制作同一类红茶过程中，不同品种对红茶的感官品质影响各不相同，需要根据市场需求加强对不同品种的红茶品质研究，具有积极作用。

（二）不同品种对不同类型红茶品质影响举例

1. 不同品种对不同形状红茶的品质影响

表 6-13 不同品种不同工艺茶样感官鉴评表

茶样	外形	汤色	滋味	香气	叶底
云抗 10 号螺旋形茶	条索，紧结	稍暗、尚明亮	尚醇、爽口	甜纯	尚红
云抗 10 号针形红茶	条索，紧结	尚红、明亮	鲜爽	鲜甜	红暗
云抗 10 号传统红茶	条索，欠紧结	暗、欠明亮	淡	异味	乌条
福云 6 号螺旋形红茶	条索紧结，卷曲，金毫较显	红、明亮	鲜浓	甜纯	红亮
福云 6 号针形红茶	条索紧结，金毫较显	尚红、明亮	醇厚	鲜爽	红亮
福云 6 号传统红茶	条索，欠紧结	红暗、欠明亮	醇和	有异味	红暗
凌云白毫螺旋形红茶	条索紧结，卷曲，金毫较显	尚红、明亮	醇厚	鲜甜	红亮
凌云白毫针形红茶	条索紧结，金毫显露	红、明亮	鲜浓	鲜甜	尚红亮
凌云白毫传统红茶	条索，欠紧结	红暗、欠明亮	醇和	有异味	红暗

2. 不同品种对不同类型红茶品质影响举例

表 6-14 云南红茶样品感官鉴评结果

编号	品名条索	外形				内质			
		形状	色泽	整碎	净度	汤色	香气	滋味	叶底
1	云抗 10 号（特级）	肥嫩紧结	乌黑油润显金毫	匀整	净	红艳明亮	甜花香	浓强	肥嫩红匀柔软
2	云抗 14 号（特级）	肥嫩	乌黑油润显金毫	匀整	净	红浓明亮	甜香高扬	浓强	肥嫩红匀柔软
3	凤庆大叶种（特级）	紧直细嫩极显锋苗	乌润显金毫	匀整	净	红浓明亮	甜香浓郁	鲜浓	肥嫩红匀柔软
4	香归银毫（特级）	肥嫩紧结多锋苗	乌润金毫显露	尚匀整	净	红亮	兰香浓郁	尚浓	肥嫩红匀柔软
5	紫娟（一级）	紧结	乌黑	尚匀整	净	红亮	纯正	尚浓	尚红匀，稍柔软
6	金萱（一级）	紧结	乌润	尚匀整	净	橙红明亮	桂花香	鲜甜	欠红匀稍花杂，稍鲜爽
7	黄金桂（一级）	紧结显锋苗	乌润	尚匀整	净	红亮	焦糖香	柔软	尚红匀，稍柔软

表 6-15　不同茶树品种“遵义红”红茶感官品质

样品	外形		汤色		香气		滋味		叶底		总分
	评语	得分	评语	得分	评语	得分	评语	得分	评语	得分	
金牡丹	紧结、乌润、略有毫、较净	89	鲜艳明亮、金圈明显	90	花果香浓郁、持久	91	醇厚鲜美、回甘明显	91	红明亮、柔软	92	91
金观音	较紧结、乌黑、匀称、净	90	鲜红、较明亮	89	甜香、香味较持久	89	醇厚甜爽、回甘较明显	90	红较明亮、柔软	91	90
小菜茶	细紧、乌黑带金毫、净	90	鲜红、尚明亮	88	香味纯正、较持久	80	浓醇、回甘较明显	85	红尚亮、细嫩	91	87

表 6-16　不同品种加工红茶的感官鉴评结果

品种	外形		汤色		香气		滋味		叶底		总分
	评语	得分	评语	得分	评语	得分	评语	得分	评语	得分	
槠叶齐	紧结，色泽乌黑油润，显金毫	93.0	红浓、亮	93.5	甜香，持久	93.0	浓醇、带甘鲜	93.0	软、红亮	93.0	93.05
潇湘红21—3	紧结，色泽乌黑油润，带毫	92.5	红浓、亮	93.0	甜香带花香，持久	94.0	浓醇、带甘鲜	93.0	软、红亮	93.0	93.13
碧香早	紧细，色泽黑褐尚润，带金毫	92.5	橙红亮	91.0	甜香，尚持久	91.0	醇和、稍带鲜爽	92.0	软、红亮，带青条	92.0	91.78
尖波黄13号	紧细，色泽乌黑润，金毫显露	93.5	红尚亮	92.0	甜香，稍带花香，尚持久	92.0	尚甘醇	92.5	软、红亮	92.5	92.13

续表

品种	外形		汤色		香气		滋味		叶底		总分
	评语	得分	评语	得分	评语	得分	评语	得分	评语	得分	
白毫早	紧细，色泽尚润，多金毫	92.0	橙红亮	91.0	甜香，尚持久	90.0	醇和	92.0	软、红亮，带青条	92.0	90.80
保靖黄金茶1号	紧细，色泽黑褐润，金毫显露	92.0	橙红明亮	91.0	甜香带花香，持久	93.5	甘醇，带鲜爽	93.5	软、红亮	93.5	93.03

3. 不同品种对晒红品质影响

表6-17 10个品种晒红茶感官鉴评结果

序号	品种	外形（20%）		汤色（10%）		香气（30%）		滋味（30%）		叶底（10%）		总分
		标准	分值	标准	分值	标准	分值	标准	分值	标准	分值	
1	清水3号	紧结	88	红亮	88	甜香浓，带花香	94	甜纯	86	红泛青	88	89.2
2	73—11	尚紧结，尚显毫	90	红浓明亮	90	甜浓	90	醇尚浓	87	红尚亮	88	88.9
3	群体种	乌褐尚润，紧实	87	红浓明亮	92	甜浓，带花香	93	醇浓	93	肥厚红亮，尚匀	94	91.8
4	云抗10号	棕褐，尚紧结有毫	90	红黄	85	甜纯，有日晒味	84	甜醇，稍生涩	84	红暗	87	85.6
5	云茶普蕊	黑褐紧结	86	红浓明亮	90	甜浓	90	醇浓，稍生涩	90	红尚亮	83	88.5
6	长叶白毫	栗褐紧结，润	92	红浓明亮	90	甜尚浓，带青气	87	醇浓，有生涩味	85	红泛青	85	87.5

续表

序号	品种	外形（20%）		汤色（10%）		香气（30%）		滋味（30%）		叶底（10%）		总分
		标准	分值	标准	分值	标准	分值	标准	分值	标准	分值	
7	云抗14号	棕褐，尚紧结，润金毫显	93	红亮	87	甜浓，带青气	88	甜醇，微酸	85	红匀尚亮	89	88.1
8	云抗37号	乌褐，紧结	88	红浓明亮	89	甜尚浓	89	醇浓	89	红泛青	84	88.3
9	云抗43号	乌黑，润尚紧结	87	红浓明亮	89	甜浓	90	醇尚浓，微酸	85	红尚亮	88	87.6
10	73－8	乌褐，紧结	86	红浓明亮	91	甜香浓，带花香	93	醇尚浓，有生涩味	86	红泛青	84	88.4

资料来源：仝佳音等。

4. 感官品质

表 6-18　大叶种工夫产品各等级的感官品质要求

级别	项目							
	外形				内质			
	条索	整碎	净度	色泽	香气	滋味	汤色	叶底
特级	□肥壮紧结 □多锋苗	□匀齐	□净	□乌褐油润 □金毫显露	□甜香浓郁	□香浓醇厚	□红艳	□肥嫩多芽 □红匀明亮
一级	□肥壮紧结 □有锋苗	□较匀齐	□较净	□乌褐润 □多金毫	□甜香浓	□鲜醇较浓	□红尚艳	□肥嫩有芽 □红匀亮
二级	□肥壮紧实	□匀整	□尚净 □有嫩茎	□乌褐尚润 □有金毫	□香浓	□醇浓	□红亮	□柔嫩 □红尚亮
三级	□紧实	□较匀整	□尚净	□乌褐 □稍有毫	□纯正尚浓	□醇尚浓	□较红亮	□柔软 □尚红亮
四级	□尚紧实	□尚匀整	□有梗朴	□褐欠润 □略有毫	□纯正	□尚浓	□红尚亮	□尚软 □尚红

续表

级别	项目							
	外形				内质			
	条索	整碎	净度	色泽	香气	滋味	汤色	叶底
五级	□稍松	□尚匀	□多梗朴	□棕褐稍花	□尚纯	□尚浓略涩	□红欠亮	□稍粗 □尚红稍暗
六级	□粗松	□欠匀	□多梗 □多朴片	□棕稍枯	□稍粗	□稍粗涩	□红稍暗	□粗 □花杂

表 6-19　中小叶种工夫产品各等级的感官品质要求

级别	项目							
	外形				内质			
	条索	整碎	净度	色泽	香气	滋味	汤色	叶底
特级	□细紧多锋苗	□匀齐	□净	□乌黑油润	□鲜嫩超香	□醇厚甘爽	□红明亮	□细嫩显芽 □红匀亮
一级	□紧细有锋苗	□较匀齐	□净 □稍含嫩茎	□乌润	□嫩甜香	□醇厚爽口	□红亮	□匀嫩有芽 □红亮
二级	□紧细	□匀整	□尚净 □有嫩茎	□乌尚润	□甜香	□醇和尚爽	□红明	□嫩匀 □红尚亮
三级	□尚紧细	□较匀整	□尚净 □稍有筋梗	□尚乌润	□纯正	□醇和	□红尚明	□尚嫩匀 □尚红亮
四级	□尚紧	□尚匀整	□有梗朴	□尚乌稍灰	□平正	□纯和	□尚红	□尚匀尚红
五级	□稍粗	□尚匀	□多梗朴	□棕黑稍花	□稍粗	□稍粗	□稍红暗	□稍粗硬 □尚红稍花
六级	□较粗松	□欠匀	□多梗多朴片	□棕稍枯	□粗	□较粗淡	□暗红	□粗梗 □红暗花杂

5. 理化指标

表 6-20　理化指标要求

项目		指标		
		特级、一级	二级、三级	四级、五级、六级
水分（质量分数）/%≤		7.0		
总灰分（质量分数）/%≤		6.5		
粉末（质量分数）/%≤		1.0	1.2	1.5
水浸出物（质量分数）/%≥	大叶种工夫红茶	36	34	32
	中小叶种工夫红茶	32	30	28
水溶性灰分，占总灰分（质量分数）/%≥		45		
水溶性灰分碱度（以 KOH 计）（质量分数）/%		≥1.0＊；≤3.0＊		
酸不溶性灰分（质量分数）/%≤		1.0		
粗纤维（质量分数）/%≤		16.5		
茶多酚（质量分数）/%≥	大叶种工夫红茶	9.0		
	中小叶种工夫红茶	7.0		
注：茶多酚、水溶性灰分、水溶性灰分碱度、酸不溶性灰分、粗纤维为参考指标				
当以每 100g 磨碎样品的毫克当量表示水溶灰分碱度时，其限量为：最小值 17.8，最大值 53.6				

祁红与滇红作为中国红茶的代表，在品质特征上各有千秋。祁红以“祁门香”闻名于世，特级祁红条索紧细苗秀，金毫显露，香气馥郁似花果蜜香交织，滋味甜醇回甘；随着等级降低，外形紧细度、金毫含量及香气的浓郁度、滋味鲜爽度逐渐减弱。滇红则以浓强鲜爽著称，特级滇红条索粗壮紧结，金毫密布，香气浓郁且蜜香突出，滋味醇厚鲜爽，回甘强烈；一级及二级滇红在外形紧结度、香气浓度和滋味醇厚度上依次递减。二者凭借独特的风味特征，在国内外茶叶市场占据重要地位，展现出中国红茶丰富的品质内涵与魅力。

图 6-15　特级祁红

图 6-16　一级祁红

图 6-17　二级祁红

图 6-18　特级滇红

图 6-19　一级滇红

图 6-20　三级滇红

二、能力训练

(一) 训练条件

不同品种制作的红茶茶样 6 个、鉴评室、鉴评配备用具。

(二) 训练目的

掌握不同品种红茶鉴评方法，并掌握其品质特征描述。

(三) 要求形式

(1) 通过在规范茶叶鉴评室现场对不同品种红茶茶样进行鉴评。

(2) 对各项品质特征进行描述，形成品质报告及总结，进行实操训练。

(四) 训练步骤

(1) 分为 6 组，其中一名学员担任组长，分配组员准备工具、烧水、取样等工作。

(2) 每组根据组内分工进行鉴评工作，参照“评外形—闻香气—看汤色—尝滋味—看叶底”步骤，依次进行鉴评，并做好记录工作。

(3) 各组组长合理分配人员，每组进行总结，从特征描述、术语总结、品质概括等方面进行。

(4) 每组完成后，其他学员对其通过线上工具进行评价和补充完善，教师总结点评。

(5) 实训任务结束，小组进行总结记录，并各自完成整理和实训场所恢复工作。

表 6-21　不同品种红茶鉴评报告单

编号	茶名	外形				内质				备注
		形状	色泽	整碎	净度	香气	汤色	滋味	叶底	

三、训练评价

训练评价结果填入表 6-22。

表 6-22　训练评价表

序号	评价内容	自评 30%	组间互评 30%	教师评分 40%	实际得分
1	准备工作（20 分）				
2	鉴评工作（20 分）				
3	记录工作（20 分）				
4	总结工作（30 分）				
5	恢复工作（10 分）				
合计					

四、应用情景

情景一

如果你在一家红茶企业上班，公司为了开发南方市场，需要你所在的产品研发部门开发一款针对南方客户的红茶，你会选择什么品种制作的红茶进行产品开发？

情景二

近年来，茶调饮越来越火热，如果你就职于茶调饮公司，现在公司需要开发一款新式茶饮，主要是水果红茶，那你会选择什么品种的红茶做调饮茶的萘基底？

五、问题情况

1. 不同品种对品质的影响主要体现在哪？

____

____

____

2. 不同品种的红茶适制性如何区分？

____

____

____

3. 不同品种对红茶品质影响因素是什么？

____

____

____

六、课后作业

1. 课后对 3 个不同茶树品种的红茶进行鉴评，进行品质记录。
2. 总结不同品种对红茶的影响规律。

课后笔记：

____

____

____

____

____

____

____

____

____

任务三　能鉴别常见红茶品质弊病

【核心概念】

（1）红茶外形品质弊病：条索松散、弯曲、断碎、色泽灰枯、花青等。

（2）红茶内质品质弊病：香气低而短或有粗青味；汤色浅亮或浓暗、浅暗；滋味粗淡、平淡或者粗涩等。

【学习目标】

（1）能够识别红茶的常见品质弊病。

（2）掌握红茶品质弊病产生的原因。

（3）掌握红茶常见品质弊病的改进措施。

一、基本知识

（一）红茶常见外形品质弊病及改进措施

表 6-23　红茶常见外形品质弊病及改进措施

常见弊病			形成原因	改进措施
条形茶	条索	松散	萎凋偏轻；揉捻压力太轻或揉时过短	萎凋摊叶不能过厚，调节萎凋槽风量和萎凋时间；调节揉捻压力、时间；调整解块筛分机速度
		弯曲	解块不充分，条索粘连弯曲	延缓解块筛分机速度；揉捻叶下机前应松压匀条
		断碎	萎凋轻，受重压揉捻或揉捻过久；干燥后的茶叶受挤压断碎；红毛茶“粗茶细做”引致断碎	萎凋时间最短不少于 6h；揉捻加压掌握轻—重—轻原则；干茶避免挤压，更不能有意踩包“做短”
	色泽	灰枯	萎凋过度；揉捻不足或发酵过度；干燥后温度过高	萎凋时间不超过 18h；揉捻应达到茶汁黏附叶表；掌握发酵适度；初干温度不超过 130℃
		花青	鲜叶老嫩混杂，物理作用不一致；萎凋、发酵不匀	合理采摘，老嫩分采分制；揉捻叶解块筛分后，老嫩分别发酵
碎茶	规格色泽	灰枯	原料粗，多见于中小叶种碎茶；揉切过度，多见于中小叶种碎茶	提高原料嫩度，不采粗老叶
		混杂	精制过程机具或盛载器具残留混入；车间内茶灰、筋毛未及时清除	每批毛茶精制结束后，必须及时清理器具；及时清扫车间墙壁、天花板及地面粉尘

（二）红茶内质品质常见弊病形成原因及改进措施

表 6-24 红茶内质品质常见弊病形成原因及改进措施

常见弊病		形成原因	改进措施
香味	青气	萎凋偏轻；干燥温度过低，或时间过短	萎凋时摊叶厚度适当；适当提高初干温度
	青涩味	萎凋偏轻；发酵不足不匀，多见于大叶种茶	防止高湿短时萎凋；通氧发酵
	馊酸	失去原有新鲜气味。因温度高，发酵后不能及时干燥，堆积过久；初干后不能及时再干；机具不洁污染，轻度为馊味，重度为酸味	调节发酵温度不高于26～28℃；发酵时应立即进行干燥，防止发酵过度；按时清洁机具和发酵用具
	杂味	制茶、贮放场所不清洁；制茶用具移作他用后附带异味，被茶叶吸收	制茶、贮放场所应符合规定的卫生要求；一切用具不得移作他用
	烟焦味	干嗅、湿嗅有烟熏味或焦味，因制茶过程烟气污染，或干燥温度过高，投叶量太少	排除烟气污染来源；每次制茶前清理干燥机的残留宿叶；控制干燥投叶量适当
	陈味	茶叶存放在潮湿的地方，时间太长；干燥装箱时含水量太高	成品茶含水量保持在6%以下 贮放地点应阴凉干燥
汤色	红暗	发酵过度；干燥温度太高（茶味平淡不鲜）；茶叶“陈化”	掌握发酵程度适度偏轻，防止过度；初干后摊凉，再适温复干
	浑浊	萎凋偏轻含水量高，揉捻加压过重	萎凋叶含水量条形茶不高于60%；碎茶不高于64%；揉捻加压掌握轻—重—轻原则
叶底	花杂	萎凋不足、不匀或部分叶片风干；揉捻不足或投叶过多；原料老嫩不匀；多见于条形茶	适当延长空压揉时；减少投叶量，防止叠压滑动；控制采摘标准
	乌暗	茶叶发酵过度；受细菌作用而劣变的茶叶（酸馊味）；茶叶陈变	掌握发酵适度 发酵叶及时干燥
	粗糙硬缩	萎凋过度；发酵叶湿度过低，初干温度过高（通常茶叶淡薄，或闷味），多见于条形茶	萎凋时叶层均匀，厚薄适当 发酵室相对湿度保持在95%以上；初干温度不超过120℃

二、能力训练

（一）训练条件

有品质弊病的茶样 5 个，1 个标准样、鉴评室、鉴评配备用具。

（二）训练目的

掌握常见品质弊病红茶的鉴评方法及掌握其品质特征描述。

（三）要求形式

1. 通过在规范茶叶鉴评室现场对常见品质弊病的红茶茶样进行鉴评。
2. 进行品质弊病红茶描述，进行实操训练，形成品质报告。

（四）训练步骤

1. 分为 6 组，其中一名学员担任组长，负责组织其余学员的课堂秩序，学习中进行合理分工，使组内学员高效地完成实训任务，准备工作包括备具、烧水、取样等。

2. 每组根据组内分工进行品质弊病红茶鉴评工作，参照“评外形—闻香气—看汤色—尝滋味—看叶底”步骤，依次进行外形及内质的鉴评，并做鉴评报告单记录工作。

3. 各组组长合理分配，每组进行总结，从特征描述、术语总结、品质概括等方面进行。

4. 每组完成后，其他学员对其通过线上工具进行评价和补充完善，教师总结点评。

5. 实训任务结束，小组进行总结记录，并各自完成整理和实训场所恢复工作。

表 6-25　品质弊病红茶鉴评报告单

茶名	外形				内质			
	形状	色泽	整碎	净度	香气	汤色	滋味	叶底
分数								
分数								
分数								
分数								
分数								
分数								

三、训练评价

训练评价结果填入表 6-26。

表 6-26　训练评价表

序号	评价内容	自评 30%	组间互评 30%	教师评分 40%	实际得分
1	准备工作（20 分）				
2	鉴评工作（20 分）				
3	记录工作（20 分）				
4	总结工作（30 分）				
5	恢复工作（10 分）				
合计					

四、应用情景

情景一

如果你是茶调饮公司负责产品制作的技术员，当公司收购了一大批红茶回来，现在需要你快速分辨这些茶是否存在品质弊病，请问你会用什么方法快速地完成这项任务？

情景二

如果你是红茶企业中把控产品关的相关技术人员，现在需要制备一批贸易标准样，如何快速地在所生产的红茶中找准相关茶样，进行合理拼配，制作出一款符合要求的产品？

五、问题情况

1. 常见红茶的外形品质弊病有哪些？

2. 常见的红茶内质品质弊病有哪些？

3. 常见红茶品质弊病的改进措施主要有哪些？

六、课后作业

1. 总结各类茶常见品质弊病的产生原因。
2. 课后鉴评两款红茶，找出其品质弊病并采取改进措施。

课后笔记：

项目七

乌龙茶品质鉴评

【知识目标】

（1）熟知常见乌龙茶弊病、单丛茶特征及品质形成原理。

（2）掌握不同树龄乌龙茶特质及各类单丛茶鉴评要点。

【技能目标】

（1）精准判别乌龙茶品质弊病，区分单丛茶差异。

（2）熟练运用技巧鉴评不同类型单丛茶与乌龙茶。

【素养目标】

（1）养成严谨客观、注重细节的鉴评态度。

（2）塑造专业敏锐、精益求精的专业素养。

乌龙茶品质鉴评

任务一　能鉴评不同树龄乌龙茶品质特征

【核心概念】

（1）乌龙茶：也称青茶，属半发酵茶。

（2）乌龙茶滋味：有浓淡、爽涩、醇苦之分，一般以浓醇、浓厚、鲜爽为好。

【学习目标】

（1）掌握乌龙茶品质的形成原理。

（2）掌握不同树龄乌龙茶的品质特征。

一、基本知识

（一）乌龙茶加工

乌龙茶花色品种繁多，制作工艺复杂，其基本工艺为：晒青、凉青、做青、炒青、揉捻（包揉）和烘焙。

晒青是日光萎凋的一种方式。目的是利用太阳能散发鲜叶水分，使叶子柔软，从而缩短摇青时间、促进内含物质发生一定的化学变化，达到破坏叶绿素、除去青臭气的目的，为摇青做好准备。

凉青是室内自然萎凋的一种方式。把晒青叶放置于室内透风阴凉处散失热量，让其水分重新分布，恢复细胞紧张状态，便于摇青，一般掌握在30min左右。

（二）乌龙茶内质形成

1. 乌龙茶的汤色

乌龙茶属半发酵茶，其发酵实质是控制在摇青和做青而损伤叶缘部位。发酵程度不同，汤色有金黄、清黄、橙黄及清红。乌龙茶“半发酵”程度因品种不同而有差异，发酵程度如广东单丛茶介于20%～30%，福建乌龙茶20%～50%，台湾包种15%～50%、台湾红乌龙70%。乌龙茶汤色的“质感”不在于“色相”，而是色调彩度和亮度的比例关系，一般来说，色调以黄为主，辅以不同程度的橙色或橙红色。

乌龙茶汤呈色成分有黄酮类水溶色素（黄绿）、黄酮类氧化色素（橙黄）、儿茶素水溶性氧化色素（茶黄素、茶红素、茶褐素）以及其他水溶性有色化合物。乌龙茶初制过程，因酶促和热作用形成的少量茶黄素和茶红素，除部分与蛋白质结合外，水溶部分进入茶汤，成为汤色的组成部分。后期焙火精制过程中多酚类会被氧化产生更多的有色物质，汤色往红褐方向发展。

2. 乌龙茶的香气

乌龙茶一般具有花香、花果香或花蜜香。香型、香气高低各异，原因与品种、产地和特殊加工工艺有关，香型不同主要是由于种性差异所致。乌龙茶的香气物质［已知的有醇类、酯类、酮类、醛类、酸类、酚类、杂氧化物、含氮化合物等，碳氢化合物（烯类为主），以前四种为主］含量约占茶叶干物总量的0.053%，明显高于其他茶类。

乌龙茶制造中香气的主要来源为：①晒青和做青中糖苷水解产物及其转化物，如香叶醇、芳樟醇及其氧化物；②脂肪酸的过氧化及降解生成低级醇和低级醛类；③儿茶素氧化产生的邻醌偶联氧化β－胡萝卜素生成β－紫罗酮、二氢海葵内酯等；④糖胺反应（美拉德反应）产生吡嗪、吡咯、吡喃、呋喃类等芳香物；⑤氨基酸的脱羧及氧化脱氨产生的醛。

晒青时有些芳香成分即有增加，随着工艺进展，青草气（主要是顺式－青叶醇）成分逐步减少，花果香成分不断增加，形成了芳香物质新组合，由于不同产品的芳香物质组成及其含量比不一样，故香型和香气高低也有差别。

各个品种的乌龙茶，应有各自的特征性成分。一般来说，具有花香的橙花叔醇、茉莉内酯、茉莉酮酸甲酯、吲哚、香叶醇、法呢烯、芳樟醇及其氧化物等化合物，是一些乌龙茶的共性香气成分。铁观音中丁酸苯乙酯、己酸－顺－3－己烯酯等成分含量较高，赋予铁观音更强的果香。单丛茶含有较多的吲哚、芳樟醇及其氧化物、反式－橙花叔醇等。

3. 乌龙茶的滋味

乌龙茶滋味有浓淡、爽涩、醇苦之分，一般以浓醇、浓厚、鲜爽为好。形成滋味的主要物质有：茶多酚（包括儿茶素、黄酮类）、生物碱（以咖啡碱为主）、氨基酸、可溶性糖、水溶性果胶、茶黄素、茶红素等。滋味的优劣取决于这些成分的含量高低和它们之间味感的协调性。乌龙茶的茶多酚含量通常介于红茶和绿茶之间。乌龙茶茶多糖含量高于红茶和绿茶，约是红茶的 3.1 倍和绿茶的 1.7 倍。因此，乌龙茶内含成分中，多酚类的氧化程度较低，保留量较高，它们虽是茶汤苦涩味的主要成分，但也是茶汤浓爽度的主体成分；可溶性糖、咖啡碱含量高，游离氨基酸等的配合协调，形成乌龙茶浓而不涩、爽口回甘的滋味特征。

各种内含物质比例不同，形成了乌龙茶特有的滋味特性。闽北武夷岩茶的茶多酚、儿茶素总量、咖啡碱及酚/氨比值较高，形成其特有的“岩韵”；闽南铁观音游离氨基酸含量、酯型儿茶素占儿茶素总量之比较高，形成其特有的“音韵”。

在乌龙茶初制过程中，由于晒青、做青中的酶化作用，杀青、干燥的热作用，苦涩味的儿茶素、黄酮类等多酚类物质含量有所减少，而鲜、甜味的氨基酸、可溶性糖、水溶性果胶显著增加，酚氨比值趋于缩小，构味物质间的量比变化较为协调，最后形成乌龙茶滋味特征。

4. 乌龙茶的叶底色泽

典型的叶底色为“绿叶红镶边”或“绿腹红边”。一般是主脉红变，叶缘有不规则的黄变和红斑，有些嫩叶、嫩梗为浅黄红色。

红边的形成，是萎凋叶经“碰青”或“摇青”，叶缘细胞受到一定的损伤，主要在“晾青”环节引发多酚类酶性氧化，形成茶黄素、茶红素，一部分与蛋白质结合沉淀于叶缘；受伤组织中，叶绿素在多酚类氧化的酸性条件下，发生转化成脱镁叶绿素，呈暗褐色，使叶缘变黄、变红，呈朱砂红色。叶腹色泽的形成，是叶绿素的降解产物，与其他脂溶色素如叶黄素、胡萝卜素所显现的色泽不同，叶绿素转化少，显绿色；转化多，显黄绿色。

图 7—1 铁观音（春）

图 7—2　铁观音（秋）

图 7—3　铁观音（传统型）

图 7—4　本山

图 7—5　毛蟹

图 7—6　黄旦

（三）乌龙茶品质特征

1. 闽北乌龙茶

闽北青茶产于武夷山，主要生产武夷岩茶和闽北乌龙。武夷岩茶包括武夷水仙、武夷奇种等；武夷岩茶多以茶树品种不同分为武夷水仙、武夷肉桂、武夷奇种等。

品质特点为外形条索壮结重实，叶端扭曲，色泽油润，间带沙绿蜜黄（鳝皮色），具有“三节色”的特征。内质香气浓郁清长，岩韵显；滋味醇厚，回甘；叶底肥柔，呈“绿叶红镶边”，汤色清澈，呈橙红色。

2. 闽南青茶

主要产于安溪、永春、平和、云霄、长泰、漳平等县。产品以铁观音、色种、水仙等为主。色种即是各种不同茶树品种混合制成的，包括毛蟹、本山、奇兰、梅占等。

如铁观音品质特点中外形条索壮结、重实、卷曲，多成螺旋形，身骨沉重，色泽油润带砂绿、红点明，俗有“青蒂、绿腹、蜻蜓头”之称。内质香气浓郁清长，“音韵”明显，滋味醇厚甜鲜，稍带蜜味，汤色金黄清亮，叶底肥软、亮，红边均匀，耐冲泡。

3. 广东青茶

广东青茶中凤凰单丛以香高味浓耐泡而著名，凤凰浪茶、凤凰水仙品质稍次。主产潮安县凤凰镇。老树单丛有2000多株，香型具有多样性，有“黄枝香”“八仙过海”“芝兰香”“玉兰香”“大乌叶”等。品质特点中外形条索壮结，匀整，色泽乌褐或青褐油润。内质自然花香清高持久，滋味醇厚鲜爽回甘，且有特殊山韵，汤色黄艳带绿，叶底柔嫩，绿叶红边，耐冲泡，冲泡多次尚有余香。其中广为人知的“鸭屎香”单丛更是以其高扬的花香和醇厚的口感，被广大消费者所喜爱。

而岭头单丛茶原产地为广东饶平县坪溪镇岭头村，其最大品质特点是自然花香蜜韵，条索紧结、色黄褐油润，匀整、净；花蜜香细锐持久，味浓醇带蜜香，汤色橙黄明亮，叶底淡黄绿、红度均匀。

（四）不同树龄茶树划分（以武夷岩茶为例）

武夷岩茶属于乌龙茶类，主产于福建省武夷山。武夷岩茶产品因茶树树龄不同其香气与滋味品质差异显著，因此，在武夷山，惯以树龄划分武夷岩茶产品。而乌龙茶中，在不同树龄划分中，不同地区略有差异。以武夷岩茶为例，当地茶农或茶企把树龄在30年以下的水仙称为普通水仙或新丛水仙，30～50年的称为高丛水仙、50年及以上的称为老丛水仙。

据研究，以武夷水仙为例，新丛水仙、高丛水仙和老丛水仙三个树龄武夷岩茶间主要生化成分的含量及酚氨比值差异显著，其中茶多酚、水浸出物、黄酮类、咖啡碱、儿茶素总量、酯型儿茶素、EG、CG等的含量及酚氨比值在高丛水仙岩茶中最高，氨基酸含量在老丛水仙中最高，EC、GC含量在新丛水仙中最高。而随着树龄的增大，茶多酚类及其主要组分、咖啡碱等生化成分的含量及酚氨比值呈先上升后下降的趋势，氨基酸含量呈持续上升的趋势，可可碱、儿茶素、表儿茶素、没食子儿茶素含量呈逐渐下降的趋势。

因此，不同树龄乌龙茶在品质上也显不同。

1. 新丛茶树

这个阶段的茶树还处于生长初期，尚未完全成熟。产量相对较低，茶叶的采摘量有限。茶叶的叶片较为柔嫩，富含较高的氨基酸和茶多酚，制成的乌龙茶香气清新，滋味鲜爽，但茶汤的醇厚感和韵味相对较弱。

这个阶段采摘制作的乌龙茶，可能在香气上表现出清新的花香和果香，但口感的层次感和复杂度不如成熟茶树所制的茶叶。

2. 高丛茶树

此时茶树已进入盛产期，生长稳定，茶叶品质较为稳定。特点是产量较高，茶叶的品质也达到较好的水平。叶片较为厚实，内含物质丰富且比例协调，制成的乌龙茶香气浓郁持久，滋味醇厚，回甘明显，具有较高的品饮价值。

3. 老丛茶树

老丛茶树其产量可能会有所下降，但茶叶的品质可能会因为茶树生长时间长，根系发达，吸收的养分更为丰富和独特，而具有特殊的风味。茶叶的口感可能更加醇厚，香气更加深沉复杂，具有独特的陈香和韵味。部分老龄茶树所制的乌龙茶，可能会有类似木质香、陈香等独特香气，茶汤的口感也更为沉稳。

树龄是影响乌龙茶品质的因素之一，同时，茶叶的品质还受到种植环境、采摘标准、加工工艺等多种因素的综合影响。

图 7—7　大红袍

图 7—8　花香水仙

图 7—9　武夷水仙

图 7—10　肉桂

图 7—11　黄玫瑰

图 7—12　奇丹

二、能力训练

（一）训练条件

不同树龄武夷岩茶茶样 4～6 个、鉴评室、鉴评配备用具。

（二）训练目的

掌握不同树龄武夷岩茶的鉴评方法，并掌握其品质特征描述。

（三）要求形式

（1）通过在规范茶叶鉴评室现场对不同树龄乌龙茶茶样进行鉴评；

（2）对不同树龄武夷岩茶各项品质特征进行描述，形成品质报告及总结，进行实操训练。

（四）训练步骤

（1）分为 6 组，其中一名学员担任组长，实训过程中合理分工，使组内学员高效地完成实训任务，准备工作包括备具、烧水、取样等。

（2）每组根据组内分工进行“不同树龄乌龙茶”鉴评工作，参照“评外形—闻香气—看汤色—尝滋味—看叶底”步骤，依次进行外形及内质的鉴评，并做鉴评报告单记录工作。

（3）各组组长合理分配，每组进行总结，从特征描述、术语总结、品质概括等方面进行。

（4）每组完成后，其他学员对其通过线上工具进行评价和补充完善。

（5）实训任务结束，小组进行总结记录，并各自完成整理和实训场所恢复工作。

表 7-1　不同树龄乌龙茶鉴评报告单

茶名	外形 20%		内质								总分
	分	形状、色泽、整碎、净度	分	香气 30%	分	汤色 5%	分	滋味 35%	分	叶底 10%	

三、训练评价

具体训练评价内容填入表 7－2。

表 7－2　训练评价表

序号	评价内容	自评 30%	组间互评 30%	教师评分 40%	实际得分
1	准备工作（20 分）				
2	鉴评工作（20 分）				
3	记录工作（20 分）				
4	总结工作（30 分）				
5	恢复工作（10 分）				
合计					

四、应用情景

情景一

茶叶品鉴会有利于茶叶营销，现在正在进行一场乌龙茶品鉴活动，如果你是其中的一名活动负责人员，现在需要根据不同树龄的茶叶品质特征以凸显本次品鉴活动的主题，请问你会怎么开展？

情景二

不同树龄茶树，有不同茶树的特征，如果你是茶叶种植生产企业中的一名负责人，在一场研学活动中，你将从哪些方面全面地为来宾介绍不同树龄乌龙茶？

五、问题情况

1. 影响乌龙茶各品质的主要内含成分有哪些？

____

____

____

2. 乌龙茶加工的工艺技术有哪些？

____

____

____

3. 不同树龄乌龙茶的品质特征有哪些？

____

____

____

六、课后作业

1. 进行不同地区不同树龄乌龙茶的鉴评实训。
2. 总结不同树龄乌龙茶品质特征规律。

课后笔记：

____

____

____

____

____

任务二　能鉴评不同类别广东乌龙茶品质特征

【核心概念】

（1）广东乌龙茶茶树品种：以当地凤凰水仙为主，引进的品种主要有奇兰、八仙、黄棪、福建水仙及小叶乌龙等。

（2）单丛茶：起源地为潮州凤凰山，历代茶农有选择蓄养大茶树的习惯，每株大茶树（俗称"老丛"）均分别采制，因而形成"单丛"的传统制法和品质特征。

【学习目标】

（1）掌握不同类型单丛茶的品质特征。
（2）掌握不同类型单丛茶的鉴评技巧。

一、基本知识

（一）广东乌龙茶不同类别、不同品种毛茶外形的评定

1. 广东乌龙茶品种构成

广东乌龙茶茶树品种以当地凤凰水仙为主，引进的品种主要有奇兰、八仙、黄棪、福建水仙及小叶乌龙等。在凤凰水仙群体中分离出来的单丛，有"岭头单丛"和"凤凰单丛"两

类。岭头单丛为育成的新品种，栽培面积最大；凤凰单丛由十多个无性系组成，主要有“黄枝香”“八仙过海”“芝兰香”“玉兰香”“大乌叶”等。还有一些老丛茶树，称为“老丛茶”，如宋种、老八仙。单丛类品种的叶片颜色有黄绿（大白叶）、深绿（大乌叶）两个类型，叶形大、叶肉较厚，富含多酚类物质、发酵快。近年来，单丛茶种的“鸭屎香”广受消费者欢迎，颇具特色。

2. 不同品种毛茶外形

在各类茶中，乌龙茶的品种类别最多，其外形表征，既有加工形状的不同，也有品种差别的形状色泽不同。所以，在外形鉴评中，除一般共同要求外，还要注重品质特征。

（二）乌龙茶加工工艺特点与外形品质的关系

1. 广东乌龙茶产品沿革

广东乌龙茶早期产品有凤凰水仙、色种、乌龙三个花色。其中，凤凰水仙依质量高低，分为单丛、浪菜、水仙三个花色。“单丛”为单株采制，数量少，品质最好；“浪菜”为较好原料混合采制，为小批量产品，品质次于单丛；“水仙”或称为“中茶”，为一般原料制成，是一般质量的大宗产品。至 20 世纪 80 年代，单丛茶树经过选育和大量嫁接繁殖，产品结构有单丛、水仙、色种、乌龙四个花色，以单丛、水仙、色种为主，有少量乌龙。产区分布于粤东潮州、梅州等近 20 个县市，主产于饶平、潮安、兴宁、蕉岭、大埔、丰顺、揭西、陆丰等县。

2. 单丛茶采制方法

（1）采制沿革：单丛茶起源地为潮州凤凰山，品种为凤凰水仙，统称“凤凰茶”。历代的茶农，有选择蓄养大茶树的习惯，每株大茶树（俗称“老丛”）均分别采制，因而形成“单丛”的传统制法。后来，许多母树经过扦插繁殖或嫁接繁殖，成为单丛系统，有的成为单丛品种，除了母树外，已非单株采制的概念，但习惯上仍称为“单丛”。每一单丛产品，保持各自的品质特色。同一花色产品，有所谓“老丛”“新丛”（接种）的区别。高级茶主要用手工采制，批量的以机制为主，辅以手工。

（2）传统制法：单丛茶制作中采制的主要关键是原料标准、晒青、做青技术，以及采制过程的有关因素，如产地环境、气候条件等。

原料采摘——原料标准对嫩对夹 2～3 叶（俗称嫩开面），在晴天有阳光可供“晒青”的前提下采摘，一般在午后 2～4 时采的茶青含水分较少，优于上午茶青；凡露水青、雾天茶青、雨水青质量较差。

（3）初制工序——基本过程为：晒青—凉青—做青—杀青—揉捻—烘焙—毛茶。

“晒青”在下午 4～5 时进行。茶青薄摊于竹制圆匾中，置阳光下轻晒。摊叶厚薄以叶片不重叠为度。在气温 22～28℃条件下，历时 15～20min。叶片厚叶色深的，历时较长；叶薄色浅的，历时较短。当叶片失去光泽、叶质柔软、叶尖下垂、略有清香时为适度（俗称茶叶贴筛）。

“凉青”是在阴凉无风处摊青。即将晒过的茶青进行并筛，厚度 8～9 层叶片，静置于凉青架 2.5～3h，以平衡叶片水分。

“做青”是使茶青在翻动、滚条过程中产生发酵作用。由碰青一静置两个步骤交替进行。全程须碰青 6～7 次，叶色深的为 7 次，叶色浅的一般为 6 次。

历时 10～12h。头 3 次碰青，间隔时间较长，约 2h 碰青一次，后 3～4 次碰青，间隔时间较短，1.5h 一次。少量高级茶一般全程用手工碰青；批量茶用摇筛结合手工，或全程用机械做青。手工碰青俗称“做手”，方法是先把茶青收拢成堆，两掌从堆底五指扶茶，向上轻轻抖动，每往返一次为 1 手，前 3 次分别为 3 手—4 手—5 手—6 手—7 手，最后 2 次做青看茶青发酵情况而定轻重，或减少做手次数，或用摇筛增加力度，以合乎要求为度。做青全过程手法轻重，要结合看茶青气味的变化，一般做青 1～2 次，茶青呈“青味”；第 3 次呈“青香味”；第 4～5 次呈“青花香味”；第 6～7 次呈“花香微青味”。单丛茶碰青适度标准，要求 70%以上叶片达到“三分红七分绿”，俗称“绿腹红边”。做青适度经静置 1h 后，才可进行杀青。

“杀青”传统采用双炒法，俗称炒茶。第一次杀青，锅温 130～150℃，时间 10～15min，杀透后出锅，温热轻揉，再进行第二次杀青，比第一次锅温稍低，其作用是进一步消除青臭味，也是达到杀青适度的标志。

“揉捻”，要求揉成紧结条形。

“烘焙”，高级单丛用焙笼烘干，分毛火—二焙—三焙—足火四个步骤。毛火每笼投叶 0.25kg，烘温 95℃，烘至五六成干后摊凉；二焙投叶 0.5kg，烘温 80～90℃，烘至八成干后摊凉；三焙投叶 1.5kg，温度 80℃，烘至九成半干后摊凉。最后足火投叶量 2.5kg，用簸箕覆盖焙笼，温度 50～60℃，有提香和烘干作用。单丛茶批量生产的干燥作业，分毛火、足火，一般用“焙橱”或烘干机。

烘干后的毛茶，经过摊凉后，密封保管，而后进行精制工序。

精选工序——高级茶，按单丛类别用手工精选。一般过程为：归堆—筛分—拣剔—复火（俗称“收火”）—包装。即把品质相近的同类单丛归堆；通过筛除短、碎、片、末，提取完整茶条；拣除老叶、黄片、茶梗、茶头等，经过“收火”复焙，即为“精选茶”，再分类包装。

3. 花色和外形品质要求

凤凰单丛：条形茶，条索壮结，匀整，色泽乌褐油润。分特级、1～4 级。

岭头单丛：条形茶，条索紧结，条索紧结稍弯，匀整，色泽黄褐油润。分特级、1～4 级。

水仙：条形茶，条索粗壮挺直，色泽黄褐（俗称鳝鱼色）或乌油润。内销茶不分级（外销茶用的毛茶收购，分特级、1～4 级）。

色种：条形茶，条索紧结完整。等级参照闽南色种。

小叶乌龙：条形茶，条索瘦小较轻，梗短小，色泽砂绿油润。批量少无分级。

（三）单丛乌龙茶外形鉴评

单丛茶外形特点条索壮紧、体长挺直（岭头单丛稍弯），叶柄较长。一般高山茶、老丛茶条索较细紧；中、低山茶，嫁接新茶丛条索较粗壮。无论条索粗细，高档茶要求条索完整紧实、匀净，无断碎梗杂；中档茶条索壮实，稍含茶梗；低档茶粗实或较为粗松。各类单丛中，岭头单丛色泽浅黄褐，红点明显。凤凰单丛“白叶型”的，色泽浅褐或绿褐，主脉赤红；“乌叶型”的（如大乌叶），色泽乌润。色泽要求鲜明光彩，高级茶显光润、油润；中、低档茶光泽较次；色泽驳杂的，是原料粗老、做工粗放的产品。

单丛茶外形与内质的一致性主要看色泽特征和光润度，在形状方面，不能一概而论，某些低档茶经手工筛制精选，也具有壮紧完整条索，但内质低次。

单丛茶外形等级要求见表7-3。

表7-3 单丛茶外形等级要求

等级	凤凰单丛	岭头单丛
特级	紧结壮直，完整匀齐；褐（乌）润有光；不含梗、片、碎末	紧结稍弯曲，完整匀齐；黄褐油润；不含梗、片、碎末
一级	紧结壮直，匀齐；褐（乌）亮油润；不含梗、片、碎末	紧结稍弯曲，匀齐；色泽黄褐油润；不含梗、片、碎末
二级	壮结尚匀齐；色泽鲜润；稍带梗、片	尚紧结匀齐；色泽乌褐或赤褐，尚润；匀欠齐
三级	尚紧结、匀齐；色泽尚润，稍带梗、片	欠紧结匀净；色青褐或赤褐欠润；含少量梗、片
四级	稍粗，欠紧结或疏松，参差不齐，黄褐欠润至无光泽，夹杂梗、片	稍粗，欠紧或粗松，欠匀；色枯，夹杂梗片

注：根据广东省食品工业标准化技术委员会《优质产品标准》；广东省农业农村厅、省茶叶学会“单丛类乌龙茶”鉴评参考标准。

（四）单丛乌龙茶内质鉴评

在国家标准中，乌龙茶的盖碗鉴评方法是取样5g，冲泡3次，冲泡时间是2min、3min、5min（以前采用1min、2min、3min），而在单丛主产区，也有沿用取样5g采用2min、3min、5min的，高级茶须冲泡3～4次。

单丛茶内质鉴评，一般要注意以下三个方面：

（1）区别高山、低山茶。同一单丛，一般高山茶香气清高细腻，中山茶香浓欠清，低山茶香浓欠纯，平地茶香低；如岭头单丛，高山、中山茶有花蜜香，低山、平地茶一般有蜜香而花香不足。

（2）区别“老丛”“新丛”茶。新丛茶多指“接种茶”，长势旺盛，一般香味浓、欠细；老丛茶香味清爽、回甘；高山老丛，数量很少，有些是名贵单丛，如“宋种”“老八仙”等。

（3）区别香味特征。单丛茶香味特征有两大类型，即“花香型”和“花蜜香型”，花香型的又分许多名目，主要有“黄枝香”“八仙”“芝兰香”“玉兰香”等，但其中也有“异丛同名”的，如黄枝香，而且名目不断出现，如“桂花香”“杏仁香”“茉莉香”“姜花香”等，有的香气不稳定。区别香味特征，主要评香气高低和滋味是否醇爽，香型与名称是否相符为次要。滋味辨别“浓、涩、醇、爽、苦、甘”的组合关系，味浓不涩回甘为“浓醇爽口”，味浓微涩不苦为“浓厚”。一般的秋茶略有苦味，醇度较差。

此外，“水仙茶”的品质要求与单丛茶有较大区别。水仙茶特级要求有花果香，一级以下只求滋味浓醇，香气只求纯正；单丛茶不论等级高低，均有一定的香气要求。有关单丛茶的品质要求见表7-4。

表 7-4　单丛内质一般要求

凤凰单丛		
等级	成品茶内质要求	注：自然花香为凤凰单丛特征香气；叶底色泽有多种呈色，要求亮度好
特级	花香细腻、清高持久，味鲜爽回甘有清花香味，汤色金黄、清澈明亮，叶底柔软鲜亮、淡黄红边	
一级	花香清高持久，味浓醇爽口有明显花香，汤色金黄明亮，叶底柔软、淡黄明亮	
二级	清香尚长，味醇厚尚爽有花香味，汤色清黄，叶底欠匀、淡黄尚亮	
三级	清香低短，味浓稍粗涩，汤色深黄，叶底暗杂	
四级	微香带杂，味粗或硬涩，汤色深黄或泛青，叶底青暗稍杂	
岭头单丛		
等级	成品茶内质要求	注：（1）“花蜜香”为岭头单丛特征香味；（2）叶底红度指“绿腹红边”即“三分红七分绿”
特级	花蜜香细腻、清高持久，滋味鲜醇回甘带花蜜香味，汤色橙黄、清澈明亮，叶底柔软鲜亮、红度匀	
一级	蜜香细锐持久，滋味醇厚甘爽有蜜香味，汤色橙黄明亮，叶底柔软、红度匀尚鲜亮	
二级	蜜香尚显，味浓醇有蜜味、尚爽，汤色橙红尚亮，叶底红度尚匀亮	
三级	有蜜香欠鲜爽，滋味浓涩有蜜味，汤色橙红，叶底红度尚匀欠亮	
四级	微蜜香带杂，微粗涩带杂，汤色深红或泛青，叶底红度不匀带花杂	

注：引自广东省食品工业标准化技术委员会《优质产品标准》、广东省企业产品标准 QB/44050067814—2000 资料综合。

图 7—13　凤凰单丛（蜜兰香）

图 7—14　凤凰单丛（雷扣柴）

图 7—15　凤凰水仙

图 7—16　凤凰单丛（鸭屎香）

图 7—17　岭头单丛

二、能力训练

（一）训练条件

不同香气类型单丛茶茶样 4～6 个、鉴评室、鉴评配备用具。

（二）训练目的

掌握不同类型单丛茶鉴评方法，并掌握各类单丛茶各项品质特征描述。

（三）要求形式

（1）通过在规范茶叶鉴评室现场对不同类型单丛茶茶样进行鉴评；

（2）进行各类型单丛茶各项品质鉴别实训，形成品质报告及总结。

（四）训练步骤

（1）分为 6 组，其中一名学员担任组长，实训过程中合理分工，使组内学员高效地完成实训任务，准备工作包括备具、烧水、取样等。

（2）每组根据组内分工进行“不同类型单丛茶”鉴评工作，参照“评外形－闻香气－看汤色－尝滋味－看叶底”步骤，依次进行外形及内质的鉴评，并做鉴评报告单记录工作。

（3）各组组长合理分配，每组进行总结，从特征描述、术语总结、品质概括等方面进行。

（4）每组完成后，其他学员对其通过线上工具进行评价和补充完善，总结汇报。

（5）实训任务结束，小组进行总结记录，并各自完成整理和实训场所恢复工作。

表 7－5　不同类型单丛茶鉴评报告单

茶名	外形 20%		内质								总分
	分	形状、色泽、整碎、净度	分	香气 30%	分	汤色 5%	分	滋味 35%	分	叶底 10%	

三、训练评价

表 7-6 训练评价表

序号	评价内容	自评 30%	组间互评 30%	教师评分 40%	实际得分
1	准备工作（20 分）				
2	鉴评工作（20 分）				
3	记录工作（20 分）				
4	总结工作（30 分）				
5	恢复工作（10 分）				
合计					

四、应用情景

情景一

近年来，鸭屎香单丛茶广受市场欢迎，特别是北方市场，如果你是一家单丛茶企业的工作人员，现在需要你为北方茶客介绍这一款鸭屎香单丛茶，你会如何开展？

情景二

单丛茶被誉为“茶中香水”，广受消费者欢迎，其中，十大香型是被广泛认知的，如果你是一名评茶师，现在需要进行十大香型的鉴评，请问你会如何开展？

五、问题情况

1. 单丛茶制作方法。

____

____

____

2. 单丛茶的外形特征。

____

____

____

3. 单丛茶的内质特征。

六、课后作业

1. 课后对单丛十大香型代表单丛进行鉴评实训。

2. 对不同海拔单丛茶进行鉴评，总结规律。

课后笔记：

任务三 乌龙茶品质及常见品质弊病

【核心概念】

（1）乌龙茶香气常见品质弊病：青气、青闷气、烟焦气等。

（2）乌龙茶滋味常见品质弊病：青涩味、苦涩味、黄味、水味、酸馊味等。

【学习目标】

（1）掌握常见乌龙茶品质弊病。

（2）掌握判别乌龙茶品质弊病的技巧。

一、基本知识

（一）乌龙茶品质及常见品质弊病的评语描述

1. 外形形状评语

蜻蜓头：茶条叶端卷曲，紧结沉重，状如蜻蜓头。多为闽南乌龙茶外形特征。

圆结：茶条卷曲如圆形或珠粒圆形。

壮结：肥壮紧结。多为闽北乌龙茶外形特征。

扭曲：茶条扭曲，折皱重叠。为闽北乌龙茶特有的外形特征。

壮直：壮结挺直，不扭不弯。为广东乌龙茶的外形特征。

2. 外形色泽评语

砂绿：似蛙皮绿而有光泽。

乌润：色乌黑而有光泽。

褐红：色红中带褐。多为烘焙过度，做青不当，形成死红张而成。

枯红：色红而无光泽，多为发酵过度茶或夏暑茶的色泽特征。

枯黄：色黄而无光泽。

乌绿：色泽绿中显乌，光泽度次于砂绿。

暗绿：色泽绿而发暗，无光泽。

青绿：色绿而发青，多为雨天茶青“积青”而形成。

象牙色：黄中呈赤白，为黄金桂、赤叶奇兰、白奇兰等品种色。

三节色：茶条叶柄呈青绿色，中部呈乌绿黄绿色，带鲜红点。

3. 汤色评语

蜜绿：汤色浅绿略带黄，多为台湾包种茶汤色评语。

金黄：以黄为主，带有橙色，有深浅之分。常用于高中档闽南乌龙茶。

清黄：汤色浅橙黄而清澈。比金黄色的汤色略淡些。

橙黄：黄中略带红，似橙色或橘黄色。

橙红：黄中呈红，比橙黄更显红。多为闽北武夷岩茶之汤色。

4. 香气评语

岩韵：武夷岩茶特有的地域味，俗称“岩骨花香”。

音韵：闽南铁观音所特有的品种香和滋味的综合体现。

浓郁：浓而持久的特殊花果香。

馥郁：浓而幽雅的花果香。

清长：清而纯正并持长的香气。

清香：香清而纯正。

蜜糖香：香甜似蜜糖，多为福建、广东单丛之品种香。

青浊气：由于杀青、做青不当而产生的青气和浊气。

老火气：烘焙过度而产生的不快火气。

硬火：烘焙火温偏高，时间偏短，快速干燥，摊凉时间不足即装箱而产生的火气。

红闷气：包揉时茶叶在包袋中闷积时间较长而产生的不良气味。

粗、淡、飘：由于鲜叶粗老或夏暑茶而产生的粗老气，香淡而不持久。

5. 滋味评语

岩韵：武夷岩茶特有的地域味，俗称“岩骨花香”。

音韵：闽南铁观音所特有的品种香和滋味的综合体现。

醇厚：入口浓而爽适甘厚。

浓厚：入口浓而不涩，先味苦，后觉甘醇，余味鲜爽。

纯厚：味纯正而甘厚。

清醇：入口爽适，清爽带甜。

醇和：味不浓不淡，回味略甜。

粗浓：味粗而浓。

青浑浊味：茶汤不新鲜，带有青浑浊味，多为杀青不熟不匀而产生。

苦涩味：茶味苦中带涩，多为鲜叶幼嫩，做青不当或是夏暑茶而引起。

水闷味：露水青、雨青闷堆未及时摊开，或做青走水不当而引起。

6. 叶底评语

肥软：叶张肥厚而柔软，多为叶型肥大、叶肉肥厚之品种的乌龙茶评语。

软亮：叶张柔软而有光泽，为高中档乌龙茶评语。

绿叶红镶边：为做青发酵较适中乌龙茶之叶底，叶边缘呈鲜红或珠红色，叶中央黄亮或绿亮。

暗红张：叶张发红而无光泽，多为发酵过度，烘焙不当而产生。

死红张：叶张发红而夹杂伤红叶片，为做青不当，烘焙不当而产生。

硬挺：鲜叶粗老或做青不当而使叶张不柔软。

混杂：品种混合，做青不匀产生叶张有红有绿，或有老有嫩。

（二）乌龙茶内质品质常见弊病形成原因及改进措施

乌龙茶内质品质常见弊病形成原因及改进措施见表 7-7。

表 7-7　乌龙茶内质品质常见弊病形成原因及改进措施

常见弊病		产生原因	改进措施
香气	青气	晒青和做青不足；杀青不熟或低温杀青。多见于色种茶	*合理安排采茶，不失晒青时间； *杀青叶温不低于 70℃，有清香为适度
	青闷气	轻做青，杀青不熟，包揉时间过久；初烘温度太低，复焙后茶坯摊凉不足。多见于包揉茶	*做青发酵程度不低于 20%，杀青叶无青臭气，待焙茶坯，必须摊开； *初焙：培笼温度不低于 110℃，烘干机进风温度不低于 130℃
	烟焦气	茶叶烘焙受炉烟污染；杀青或焙茶时烧焦；烘干机残存宿叶混入。见于机制茶，煤炉焙茶	*煤灶焙茶，必须利用间接火温； *改进炉灶排烟功能； *及时清理干燥机宿叶
滋味	青涩味	无晒青，轻做青；温度较高，急速做青	*无晒青，做青力度较大，增加摇青次数，促进青涩味转化； *青气大，做青力度稍大； *温度高，做青全程力度轻
	苦涩味	做青不足；茶青较嫩；晒青不足。多见于单丛茶	*按种性决定做青轻重，苦涩味重的品种，做青时间长、力度小； *低山茶青，叶质厚，做青力度稍重； *晒青不足的，做青次数适当增加

续表

常见弊病		产生原因	改进措施
滋味	黄味	做青过度，或青叶静置时堆放过厚，产生发酵味	* 掌握做青适度：清香微青为标准 * 温度高，静置时青叶厚度宜薄
	水味	雨露水采摘的茶青；嫩青晒青适度，但做青不足；烘焙茶不干。多见于春季茶叶	* 不采露水青，雨水青经过摊青去除表面水； * 较嫩的茶青，做青轻手、多次
	酸馊味	杀青不熟，包揉时间太久，烘焙不及时，细菌污染变质	* 杀青要求匀透，揉捻后及时烘焙，避免茶坯积压产生馊味
汤色	浑浊	温度过低，杀青不足；茶叶炒焦或焙焦	* 杀青叶温不低于 70℃，以闷炒为主； * 避免高温杀青焦叶或焙焦
叶底	死红	茶青受伤红变干枯（黄味、浓涩）。多见于单丛、色种等	* 采茶时不损伤叶片、不受晒、不紧压茶青
	红变	做青过度或“激青”（发酵红变，味青涩）	* 中午日光太强，叶片易灼红，不宜晒青；做青室温以 22～28℃ 为宜； * 做青力度由轻渐重，避免开始过重，发酵过快（产生“激青”）

注：关于标准样茶，单丛乌龙茶：没有统一的实物和文字标准。在已有的地方农业标准或企业标准中，单丛茶的分级各异，作为内销茶，均以贸易成交样作为标准样。单丛茶的鉴评，外形主要看色泽是否油润，内质重点是香气和滋味，强调自然花香，滋味浓醇，茶香入味。

单丛乌龙茶较少集中精制，一般按单丛类别，以手工分散加工。除低档茶外，条索完整是主要特点，同是好的外形，内质差别很大。故权衡整体品质、外形分数比例，一般在 20% 左右。

二、能力训练

（一）训练条件

不同类型乌龙茶茶样 4～6 个、鉴评室、鉴评配备用具。

（二）训练目的

（1）掌握不同类型乌龙茶鉴评方法；

（2）掌握各类乌龙茶各项品质特征描述。

（三）要求形式

（1）通过在规范茶叶鉴评室现场对不同类型乌龙茶茶样进行鉴评；

（2）对各类型乌龙茶各项品质特征进行描述，形成品质报告及总结，进行实操训练。

（四）训练步骤

（1）分为 6 组，其中一名学员担任组长，负责组织其余学员的课堂秩序，学习中进行合理分工，使组内学员高效地完成实训任务，准备工作包括备具、烧水、取样等。

（2）每组根据组内分工进行“不同类型乌龙茶”鉴评工作，参照“评外形—闻香气—看汤色—尝滋味—看叶底”步骤，依次进行外形及内质的鉴评，并做鉴评报告单记录工作。

（3）各组组长合理分配，每组进行总结，从特征描述、术语总结、品质概括等方面进行。

（4）每组完成后，其他学员对其通过线上工具进行评价和补充完善，教师总结点评。

（5）实训任务结束，小组进行总结记录，并各自完成整理和实训场所恢复工作。

表 7-8　常见乌龙茶品质弊病实训鉴评报告单

茶名	外形					内质							
	分	形状	色泽	整碎	净度	分	香气	分	汤色	分	滋味	分	叶底

三、训练评价

表 7-9　训练评价表

序号	评价内容	自评 30%	组间互评 30%	教师评分 40%	实际得分
1	准备工作（20 分）				
2	鉴评工作（20 分）				
3	记录工作（20 分）				
4	总结工作（30 分）				
5	恢复工作（10 分）				
合计					

四、应用情景

情景一

在茶叶研究领域，对出现品质弊病的乌龙茶进行深入研究，探索其形成机制和影响因素，为茶叶产业的发展提供理论支持，如果你有幸到了与茶叶研究相关的研究所工作，现在需要对乌龙茶品质弊病进行研究，你会如何开展？同时，如何根据研究的结果提出指导意见？

情景二

你是一个乌龙茶生产企业中负责炭焙的技术人员，现有一种乌龙茶，由于某种原因炭焙过度了，出现了品质弊病，这时候你会如何处理？

五、问题情况

1. 乌龙茶常见的品质弊病。

2. 乌龙茶常见品质弊病的改进措施。

3. 乌龙茶的苦涩味是如何形成的？如何改进？

六、课后作业

1. 课后鉴评 3 款乌龙茶，分析其品质弊病。
2. 尝试用拼配的方法改进带有品质弊病的乌龙茶品质。

课后笔记：

乌龙茶类具体术语如表 7-10 所示。

表 7-10　乌龙茶类术语

品质因子		评语及释义	评语及释义
乌龙茶外形		优点或正常	低次、缺点及弊病
形状	松紧	壮结：条索或颗粒肥壮紧结	粗松：叶质粗老，形状松散
		壮直：条索肥壮挺直	
		细结：条索紧细（如闽北乌龙、台湾乌龙）	
		扭曲：叶端扭曲，状如“蜻蜓头”	
		卷曲：茶条卷曲紧结成颗粒状或球粒状	
		紧结：条索或颗粒紧卷结实	
	轻重	重实：（同通用术语）	轻飘：（同通用术语）
	匀整	匀称：（同通用术语）	脱档：（同通用术语）
色泽	色调润枯	砂绿：似蛙皮绿而有光泽	枯燥：干燥无光泽，按叶色深浅有“乌燥”“褐燥”“青枯”等
		青绿：绿中显青翠色	
		绿褐：色浅褐而泛青翠	
		乌润：色乌有光泽，或“乌褐润”有光泽	
		褐润：色褐而富光泽，或“黄褐润”有光泽	
		油润：（同通用术语）	
乌龙茶内质			
汤色	色调	金黄：色黄微带橙黄，分浅金黄、深金黄	
		清黄：茶汤色黄稍浅	
		深黄：茶汤色黄稍深	
		橙黄：茶汤黄中带红色	
		橙红：茶汤红带黄色，橙色浅的为“清红”	
	清浊明暗	清澈：（同通用术语）	浊：（同通用术语）
		明亮：（同通用术语）	暗：茶汤不明亮，有暗红、青黄暗

续表

品质因子		评语及释义	评语及释义
香气	高低清浊	花香：有似鲜花的自然清香	浊气：气味不纯，分“清浊”“黄浊”
		果香：有似成熟水果的自然果香	粗浓：（低次象征）香气浓而粗杂不纯
		蜜香：有似花蜜的花蜜香	粗短：香短，带粗老气息
		岩韵：武夷岩茶“地域”具有的花香韵味特征	闷火：烘焙后，未适当摊凉即装箱，因郁闷形成的“火闷气”
		音韵：铁观音“品种”特有的品种香味特征	
		浓郁：香气饱满，具有特殊花果香	猛火：烘焙温度过高或过急所产生的不良“火气”（失香）
		清纯：香气不浓，清细纯正	
		火候香：茶叶烘焙充分、适度，香气清锐持久，不青不粗	生青：青草气
	长短	持久：（同通用术语）	
滋味	浓醇杂异	浓厚：汤味甘厚，质感丰富、无粗涩	青涩味：茶味青，回味生涩
		浓醇：汤味爽适回甘，质感丰富、无粗涩	粗涩味：味粗，回味薄涩
		醇厚：味感甘厚、爽适，不粗淡	黄味：茶汤有闷黄的气味
		鲜醇：汤味清鲜含香，口感爽适	水味：（茶汤浓度感不足）（软薄如水）淡薄乏味
		回甘：（同通用术语）	苦涩味：汤味浓涩，回味带苦
			粗浓：茶味浓而粗糙
叶底	亮暗软硬	肥亮：叶肉肥厚，叶色明亮	死张：（死红）叶底中夹杂暗褐色叶张
		软亮：叶质柔软，叶色发亮	暗红张：叶张发红，夹杂的暗红叶片
		红边：做青适度，绿叶中有红边或红斑，红色明亮、鲜活	青张：叶肉、叶脉嫩茎不黄不红的叶片
			硬挺：叶质粗老，叶张弹性大

项目八

黑茶品质鉴评

【知识目标】

（1）熟知黑茶常见外形与内质品质弊病及加工工艺与特征。

（2）把握各阶段黑茶特点、存储影响因素及地区差异。

【技能目标】

（1）精准分辨黑茶外形、内质弊病及不同地区品质特征。

（2）熟练运用鉴评技术，准确判别新茶陈化差异。

【素养目标】

（1）培养细致入微、严谨认真的观察分析习惯。

（2）塑造专业专注、追求卓越的鉴评素养。

黑茶品质鉴评

任务一　能分辨不同地区黑茶品质特征

【核心概念】

（1）黑茶加工：分为两步，一是以鲜叶为原料的黑毛茶加工，二是以黑毛茶为原料的成品茶加工，加工中的渥堆是形成黑茶品质特点的关键工序。

（2）黑茶产品：成品茶有湖南的湘尖、黑砖、花砖、茯砖，湖北的青砖，广西的六堡茶，四川的康砖、金尖、茯砖、方包，云南的沱茶、紧茶、饼茶、方茶和圆茶等。

【学习目标】

(1) 掌握黑茶加工工艺与品质特征。

(2) 掌握不同类型黑茶的鉴评技术。

(3) 能够分辨不同地区黑茶的品质特征。

一、基本知识

黑茶的花色品种很多，加工工艺各不相同，其工艺流程以湖南黑毛茶和茯砖茶为例。

黑毛茶：鲜叶→杀青→初揉→渥堆→复揉→干燥；

茯砖：黑毛茶→拼配→拼堆→筛分→汽蒸渥堆→压制定型→干燥发花→成品包装。

(一) 黑茶鉴评方法

1. 黑茶外形鉴评要点

(1) 天尖、贡尖、六堡茶：评比嫩度、条索、净度三项因子。

(2) 砖形茶：先看形态是否端正，棱角是否整齐，厚薄是否一致，紧度是否适合，有洒面的，看包心是否外露，是否起层落面，看外表梗叶老嫩，看色泽的后发酵程度，茯砖茶看发花是否茂盛，批量检查，要击断或锯开砖身，检视粗老梗子、包心、洒面、有无霉烂和夹杂物。

2. 黑茶内质鉴评方法

黑毛茶内质鉴评时评比香气、汤色、滋味、叶底四项因子。香气主要评比纯异、浓淡，以松烟香、浓度好，无日晒、酸、馊、霉、焦气味为品质好的表现；若有粗老气、日晒气则为差；若有酸、馊、霉、焦等异气味且程度较重的，应按劣变茶处理。汤色主要评比色度、亮度及清澈度，色度主要看汤色是否正常，黑毛茶汤色以橙黄为正常色；亮度主要看汤色是否明亮，以明亮为好，深暗为差；清澈度主要看茶汤是否清澈见底，有否沉淀物或细小悬浮物，以纯净清澈透明为好，汤色浑浊或有沉淀物为差。滋味评比纯异、浓淡、苦涩等，以纯正，进口微涩后回甜为好，粗淡、苦涩为差，若有酸、馊、霉、焦等异气味则为次劣茶。叶底评比嫩度和色泽，以黄褐带青色，叶张开展无乌暗条为好，红绿色或红叶花边为差。

(1) 以湖南黑茶为例，品质等级根据叶质老嫩判定，一般一二级毛茶才开汤鉴评，以看叶底为主，各因子鉴评见表 8-1。

表 8-1 黑毛茶内质因子鉴评

内质类型	香气	汤色	滋味	叶底
黑毛茶	嗅干香鉴别高低、纯异、有无火候香和松烟香。以有火候香、松烟香为好；开汤鉴评以松烟香浓厚为好；香低微或有日晒气为差；带酸、馊、霉、焦及其他异气为劣	鉴别颜色、明亮度。以橙黄明亮为好；淡浊为差	鉴别浓淡、粗涩程度。微涩（紧口）后甜为好；枯涩粗淡的差	鉴别嫩度和色泽。叶张完整、开展、匀整无黑条的为好；色红绿、红叶花边为差

（2）团块茶：六堡茶、湘尖、方包、茯砖、花砖、黑砖、康砖、金尖、七子饼茶等，参照内质要求进行鉴评。

（二）内质鉴评方法

1. 天尖、贡尖、六堡茶内质鉴评

取评比样3g，沸水150mL冲泡5min，一次。

评比香气、汤色、滋味、叶底。

2. 砖茶内质鉴评

取评比样5g，沸水150mL冲泡8min（标准要求用250mL杯碗）。

评比香气、汤色、滋味、叶底。

3. 普洱散茶

普洱的内质评定，评比汤色、香气、滋味、叶底四项因子，侧重香气与滋味。在云南普洱茶产区，对普洱散茶的内质鉴评，通常采用如下方法：

称取样茶3g，用150mL杯、碗采取2次冲泡法，将称好的样茶加入鉴评杯中用沸水冲入后，立即倒掉茶水（注意不要让茶叶掉出），以去掉浮沫。

随即冲入沸水150mL，冲泡1min时，将茶汤倒入评茶碗中，供鉴评汤色用，然后嗅香气、尝滋味。将冲泡后的茶渣进行第二次冲泡，冲入沸水150mL，冲泡2min时将茶汤倒入评茶碗中，再嗅香气、尝滋味，比较两次冲泡的香气（对比香气的纯度、陈香的持久性及浓度）、滋味（对比滋味的醇和、爽滑程度、浓度及回味），并以第二次冲泡后的香气、滋味为准。

普洱散茶：一般分为五个等级。上档普洱滋味醇滑浓厚，具有“陈熟”香气，汤色红浓，叶底红褐嫩匀；低档茶香味纯正、汤色红暗，叶底黑褐。普洱茶“陈香”是在后发酵阴干以后，经过“陈化”阶段形成的，有的夹轻度霉味，应予区别。

4. 普洱紧压茶

普洱紧压茶外形的鉴评侧重形状的匀整、端正、松紧适度。内质的鉴评方法同上。称取的样茶为4g，用200mL杯碗采取两次冲泡法，第一次冲泡3min，第二次冲泡5min。

（1）汤色。主要比色度、清浊度、亮度。普洱茶汤色要求红浓明亮，深红色为正常，黄、橙黄或深暗的汤色均不符合要求，如汤色橙黄或深暗是“发酵”工艺掌握不好，发酵不匀或发酵过度均可出现此种情况。如汤色浑浊不清，属于品质劣变。

（2）香气。主要比纯度。普洱茶要求有陈香味，其他各种香型都不符合要求。

（3）滋味。主要看醇和、爽滑、回甜度。

①醇和：味清爽带甜、鲜味不足、刺激性不强。普洱茶因经过“后发酵”工艺，茶多酚进一步氧化，使绿茶的滋味得到转化，需要突出“醇和”的滋味。

②爽滑：爽口有一定程度的刺激性，不苦不涩，滑与爽口有一定的相同意义，“滑”与“涩”反义，茶汤入口有很舒服的感觉，不涩口。

“醇滑”是陈年普洱茶的滋味，一般普洱茶滋味“醇和”。普洱茶忌苦、涩、酸味，如有苦、涩、酸味，均系发酵不好或品质太新。

③回甜度：茶汤浓而刺激性不强，普洱茶味韵暖甜，茶汤出口有明显的回甜味。

普洱茶属于后发酵茶，滋味既不同于绿茶，又不同于红茶，高档普洱茶的内质是：汤色浓艳剔透，香气陈纯，滋味醇滑回甘。

（4）叶底。主要看嫩度、色泽、匀度，而侧重匀度。因为匀度好，叶底色泽均匀一致的，表示“发酵”均匀。相反，叶底如有“焦条”叶张不开展，甚至叶底碳化成黑色，表明“发酵”堆温过高，发生“烧心”产生焦条，在这种情况下，一般汤色较浅，滋味淡，叶底如有“青张”，说明后发酵不匀，滋味苦涩，无陈香味，或陈香味不足，是品质较差的表现。

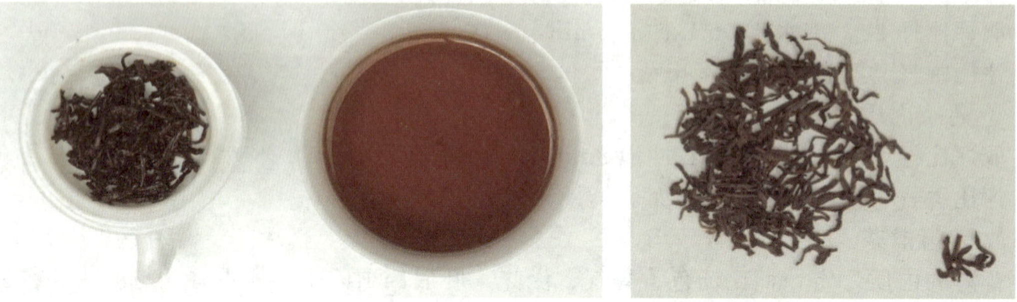

图 8-1　六堡茶

图 8-2　米砖

图 8-3　黑砖

图 8-4　茯砖

图 8-5　熟普

图 8-6　青砖

图 8-7　生普

（三）主要黑茶的品质要求

表 8-2　主要黑茶的品质特征

序号	茶名	外形	内质
1	花砖茶	砖面平整，花纹图案清晰，棱角分明，厚薄一致，色泽褐，无黑霉、白霉、青霉等霉菌	香气纯正或带松烟香，汤色橙黄，滋味醇和
2	黑砖茶	砖面平整，花纹图案清晰，棱角分明，厚薄一致，色泽褐，无黑霉、白霉、青霉等霉菌	香气纯正或带松烟香，汤色橙黄，滋味醇和微涩
3	茯砖茶	砖面平整，棱角分明，厚薄一致，发花普遍茂盛，砖面色泽，特茯褐黑色，普茯为黄褐色。砖内无黑霉、白霉、青霉、红霉等杂菌	汤色橙黄，香气纯正，特茯滋味醇和，无涩味

续表

序号	茶名	外形	内质
4	千两茶	圆柱形匀整，高 145cm，直径 20cm，每根重 36kg，茶柱不凹扁、无“烧心”、霉烂	香气纯正，汤色橙黄或橙红，滋味醇和
5	湖北老青茶	砖面平整，花纹图案清晰，棱角分明，厚薄一致，色泽黄或青褐，无黑霉、白霉、青霉等霉菌	香气纯正，汤色深黄或红黄，滋味纯正
6	广西六堡茶	外形要求色泽黑褐	香气纯正，汤色红黄明亮，滋味尚醇厚，叶底黄褐均匀
7	四川金尖茶	外形圆角长方体，稍紧实，无脱层，色泽棕褐，无青霉，黄霉	内质香气纯正，汤色黄红尚明，滋味醇和
8	四川康砖茶	外形圆角长方形，表面平整、紧实，洒面明显，色泽棕褐，无青霉、黑霉	内质香气纯正，汤色红褐、尚明，滋味尚浓醇

图 8-8 安化千两茶

图 8-9 茯砖茶

图 8-10 四川康砖茶

图 8-11 四川金尖茶

（四）主要黑茶品质鉴评要点

1. 天尖茶

天尖茶原料以春茶为主，形状条索紧结匀整，色泽乌黑调匀无枯老黄叶片；香气纯正带清香和松烟味，味浓厚，汤色黄明，叶底老嫩相近。

2. 花砖茶

花砖茶系1958年由花卷（千两茶）改制而成。外表色泽黑润为佳；内质香气醇厚、味浓厚微涩、汤色深黄者为正常。

3. 茯砖茶

砖中“金花”茂盛、干闻有“黄花清香”、色泽黄褐色为最佳。有青绿灰黑杂色霉菌、闻之有霉气为最差；汤色以橙黄或橙红为佳，淡黄或黑褐次之，暗浊差，叶底黄褐为正常，青褐色差。

4. 青砖茶

外表乌黄色或青褐色为正常；香味以纯正无青气为佳，汤色深黄或红黄尚亮为好，浅黄暗浊为次。

5. 千两茶

外表色泽黑褐，断面黄褐均匀为好；老千两茶汤色深红，香气“陈纯”，滋味醇滑，口感茶味十足。

（五）普洱散茶等级与品质特征

普洱散茶的外形评定，评比条索、色泽、整碎、净度四项因子，侧重色泽。条索主要看松紧、重实的程度，整碎主要看匀齐度，净度主要看含梗量的多少，色泽看含芽毫的多少，色泽的深浅，以色泽褐红为好，色泽发黑或花杂、枯暗均“发酵”不好，品质较差。看色泽是否均匀一致，均匀一致的表示“发酵均匀”，品质好，色泽花杂有青张表示发酵不匀，品质较差。高品质的普洱茶外形金毫显露、条索紧结、重实、色泽褐红、调匀一致。

主要评比条索和色泽。

形状——评比壮细、松紧，芽毫多少有无，以紧结匀整、多芽毫为好；

色泽——评比深浅、匀杂，以褐红均匀为好，枯暗、发黑或花杂为次；

匀净度——评比匀整、断碎及梗片多少，以条索粗松、梗片多为次。

1. 普洱散茶的等级

标准品质分为特级、一至十级共十一个等级。

实物标准样制作特级、一、三、五、七、九级共六个等级（每五年换配一次）。

2. 普洱散茶品质特征（表8-3）。

表 8-3 普洱散茶品质特征

成品名称	形状规格	色泽	香气	滋味	汤色	叶底
金芽	全芽整叶有锋苗	全披金毫色泽橙黄	毫香细长陈香	醇厚甘爽	橙红明亮	红亮柔软
宫廷	紧细匀直、规格匀整有锋苗	金毫显露色泽褐润	陈香馥郁	醇和甘滑	红浓明亮	褐红亮软
特级	紧细较匀、规格整齐有锋苗	金毫显露色泽褐润	陈香高长	醇厚回甘	红浓明亮	褐红亮软
一级	紧结重实有锋苗	芽毫较显红褐尚润	陈香显露	醇浓回甘	深红明亮	褐红亮软
二级	肥壮紧实	红褐尚润略显毫	陈香显露	醇厚回甘	红浓明亮	红褐尚亮较软
三级	肥壮尚紧	红褐尚欠匀润	陈香纯正	醇厚回甘	红亮	红褐尚亮软
四级	粗壮欠紧欠匀	红褐尚欠匀润	陈香纯正	醇和回甘	红亮	红褐欠亮尚软
五级	粗大松泡	红褐欠匀润	陈香纯正	醇和回甘	红亮	红褐欠亮尚软

(六)紧压茶的分类及品质

(1)普洱紧压茶外形有圆饼形、沱形、砖形等多种形状和规格。不做实物标准样。

(2)普洱压制茶品质特征,优质普洱茶,陈香显著,滋味醇厚回甘,汤色红浓明亮,叶底褐红。普洱压制茶品质特征见表 8-4。

表 8-4　普洱压制茶品质特征

成品名称	单位	净量/g	形状规格/cm	色泽	香气	滋味	汤色	叶底
普洱沱茶	个	100	碗臼形边口直径8.2、高4.2	红褐油润略显毫	陈香滑润	醇厚滑润	深红明亮	褐红亮软
普洱紧茶	个	250	碗臼形边口直径10.2、高5.6	红褐尚润	陈香显露	醇和滑润	红浓明亮	褐红尚亮较软
七子饼茶	个	357	圆饼形直径20.0、中心厚2.5、边厚1.3	红褐油润有毫	陈香显露	醇和滑润	深红明亮	褐红亮软
普洱砖茶	块	250	长方形 14×9×3 15×10×2.5	红褐尚润有毫	陈香明显	醇和	红亮	褐红尚亮软
普洱小沱茶	个	4	碗臼形边口直径1.5、高1.0	红褐尚润	陈香纯正	醇和	红浓明亮	褐红尚亮较软
普洱小茶果	个	3	长方形 2×1.2×0.8	红褐尚润	陈香纯正	醇和	深红红亮	褐红尚亮柔软
普洱小圆饼	个	100	圆饼形直径10.0、高1.2	暗褐润	陈香纯正	醇和	深红明亮	褐红亮软

图 8-12　云南普洱茶原料

图 8-13　云南普洱茶蒸压

图 8-14　云南普洱茶成品茶

云南紧压茶根据原料不同分为晒青型紧压茶和普洱型紧压茶。

晒青型紧压茶是以云南晒青毛茶为原料，经整理加工、拼配匀堆后蒸压定型、干燥而成，其产品主要有内销沱茶、紧茶、饼茶、方茶、七子饼茶（青饼）等。其中沱茶加工工艺中无发酵工序，而紧茶、饼茶、方茶、七子饼茶等茶加工工艺中均有发酵（或沤堆）工序。

普洱型紧压茶是以云南普洱茶散茶为原料，拼配匀堆后蒸压定型、干燥而成，其产品主要有普洱沱茶、普洱砖茶、普洱七子饼茶等。

二、能力训练

（一）训练条件

不同地区黑茶茶样 6 个、鉴评室、鉴评配备用具。

（二）训练目的

掌握不同地区黑茶鉴评方法，掌握各类黑茶各项品质特征描述。

（三）要求形式

（1）通过在规范茶叶鉴评室现场对不同地区黑茶茶样进行鉴评；

（2）进行各地区黑茶鉴评实操训练，形成品质报告及总结。

（四）训练步骤

（1）分为 6 组，其中一名学员担任组长，合理分工，高效地完成实训任务。准备工作包括备具、烧水、取样等。

（2）每组根据组内分工进行“不同地区黑茶”鉴评工作，参照“评外形—闻香气—看汤色—尝滋味—看叶底”步骤，依次进行外形及内质的鉴评，并做鉴评报告单记录工作。

（3）各组组长带领每组进行总结，从特征描述、术语总结、品质概括等方面进行。

（4）每组完成后，其他学员对其通过线上工具进行评价和补充完善，总结。

（5）实训任务结束，小组进行总结记录，并各自完成整理和实训场所恢复工作。

表 8-5　不同地区黑茶鉴评报告单

茶名	外形 20%		内质								总分
	分	形状、色泽、整碎、净度	分	香气 30%	分	汤色 5%	分	滋味 35%	分	叶底 10%	

三、训练评价

表 8-6　训练评价表

序号	评价内容	自评 30%	组间互评 30%	教师评分 40%	实际得分
1	准备工作（20 分）				
2	鉴评工作（20 分）				
3	记录工作（20 分）				
4	总结工作（30 分）				
5	恢复工作（10 分）				
合计					

四、应用情景

情景一

如果你是湖南某黑茶企业中的工作人员，公司来了一批客人，现在需要你为这些客人准备茶品并做相关介绍，你会怎么开展专项工作？

情景二

如果你在茶馆工作，茶馆中来了一个客人，他自带了一款黑茶，然后说这款黑茶是一款有二十年的广西六堡茶，请你帮忙鉴定一下，你会怎么做？

五、问题情况

1. 黑茶的加工与品质的形成。

2. 不同类型黑茶的品质特征。

3. 不同类型黑茶的鉴评方法。

六、课后作业

1. 课后开展 3 款不同类型黑茶的鉴评实训。
2. 总结不同地区黑茶的品质形成规律。

课后笔记：

任务二　能鉴评不同年份陈化茶品质

【核心概念】

（1）不同陈化期黑茶色泽、香气、滋味等品质变化规律。

（2）原料及存储环境等多种因素致使黑茶品质随储存多变。

【学习目标】

（1）掌握各阶段黑茶特征，辨别新茶及陈化差异。

（2）了解影响因素，依据存储预判品质走向。

一、基本知识

（一）新制黑茶品质特点

新黑茶色泽黑润，外形一般较为紧结。根据不同产地特征，一般香气纯正，或带有淡淡的松烟香、清香。滋味稍显浓烈或尚醇，这是因为新制黑茶内含物质还未充分转化，相对较为浓强。

（二）1～2 年陈化黑茶品质变化

色泽变得更加乌润，茶叶的紧结程度可能稍有松弛。香气方面，或松烟香逐渐浓郁、醇厚，可能还会出现一些淡淡的陈香。滋味上醇度提高，口感开始变得柔和，茶的刺激性降低，茶汤也变得更加醇厚。

（三）3～5 年陈化黑茶品质表现

外观上，茶叶色泽乌褐油润。香气浓郁而深沉，陈香凸显，或松烟香与陈香相互交融，形成独特的复合香气。滋味醇厚顺滑，几乎没有涩感，茶汤的质感变得更加浓稠，口感丰富饱满，茶性也更加温和。

（四）5 年以上陈化黑茶品质特征

黑茶的色泽乌亮，甚至出现油亮的现象。香气陈香馥郁、持久，可能还会带有药香等特殊香气。滋味醇厚绵滑，茶汤韵味悠长，陈香持久。

同时，黑茶的陈化品质还受原料品质、存储环境（如温度、湿度、通风情况等）等诸多因素影响。根据多变的储存环境会有多变的品质变化。

图 8-15　生普（2020 年制）

图 8-16　生普（2015 年制）

图 8-17　生普（2010 年制）

二、能力训练

（一）训练条件

不同类型黑茶茶样 4～6 个、鉴评室、鉴评配备用具。

（二）训练目的

掌握不同类型黑茶鉴评方法，掌握各类黑茶各项品质特征描述。

（三）要求形式

（1）通过在规范茶叶鉴评室现场对不同类型黑茶茶样进行鉴评；

（2）进行各类型黑茶鉴评实操训练，形成品质报告及总结。

（四）训练步骤

（1）分为 6 组，其中一名学员担任组长，合理分工，使组内学员高效地完成实训任务。准备工作包括备具、烧水、取样等。

（2）每组根据组内分工进行“不同类型黑茶”鉴评工作，参照“评外形—闻香气—看汤色—尝滋味—看叶底”步骤，依次进行外形及内质的鉴评，并做鉴评报告单记录工作。

（3）各组组长带领每组进行总结，从特征描述、术语总结、品质概括等方面进行。

（4）每组完成后，其他学员对其通过线上工具进行评价和补充完善并总结。

（5）实训任务结束，小组进行总结记录，并各自完成整理和实训场所恢复工作。

表 8-7 不同年份黑茶鉴评报告单

茶名	外形 20%		内质								总分
	分	形状、色泽、整碎、净度	分	香气 30%	分	汤色 5%	分	滋味 35%	分	叶底 10%	

三、训练评价

表 8-8　训练评价表

序号	评价内容	自评 30%	组间互评 30%	教师评分 40%	实际得分
1	准备工作（20 分）				
2	鉴评工作（20 分）				
3	记录工作（20 分）				
4	总结工作（30 分）				
5	恢复工作（10 分）				
合计					

四、应用情景

情景一

若你是在某黑茶企业品控部门工作，每个季度会检查不同年份不同批次产品，主要从外形上查看条索完整性、色泽变化是否符合陈化规律；内质鉴评时关注汤色红亮度、香气层次感、滋味浓醇度，现在主管要求你去检查一批 5 年的茶品品质，你会如何操作？

情景二

在专业的茶叶拍卖行或茶叶交易所，买卖双方面对多款声称不同年份的黑茶进行竞拍或选购时，专业鉴评师就需要用专业的鉴评方式进行品质鉴定及年份鉴定，如果你在该岗位实践，现在需要跟着团队进行茶品鉴定，请问你会如何操作？

五、问题情况

1. 新制黑茶的品质特征。

____

____

____

2. 储存 5 年后的黑茶品质变化。

____

____

____

六、课后作业

1. 选取三款不同年份（如3年、5年、10年）的同一款黑茶，如六堡茶或茯砖茶，撰写一份不少于1000字的深度对比品鉴分析报告，阐述黑茶随年份增长的品质演变规律及成因。

2. 针对不同年份黑茶（新生茶、中期茶、老茶），结合其特性分析现有仓储环境（如温湿度、通风、光照等条件）的适配度，找出茶叶储存过程中品质与环境的关系。撰写一份完整的储存方案稿。

课后笔记：

任务三　能鉴别常见黑茶品质弊病

【核心概念】

(1) 紧压茶常见外形品质弊病：砖面不平整、无花砖、散砖、龟裂、缺口、包心外露、泡松等。

(2) 紧压茶内质常见品质弊病：闷气、酸气、霉气、青涩、平淡、汤色偏黄、深红偏暗等。

【学习目标】

(1) 能够分辨黑茶常见外形品质弊病。

(2) 能够分辨黑茶常见内质品质弊病。

一、基本知识

(一) 紧压茶常见外形品质弊病

(1) 砖面不平整常由压茶不匀整引起。

(2) 斧头形砖身一端厚、一端薄，形似斧头，常由压茶时厚薄不匀引起。

(3) 无花砖特指茯砖茶无金花。

(4) 烧心砖茶中心部位发暗、发黑或发红，常由砖块压制过紧，砖内水分散发不出引起。

(5) 散砖、断砖砖块中间断落，不成整块。

(6) 龟裂脱皮砖面有裂缝、表层茶有部分脱落。

(7) 缺口砖茶、沱茶、饼茶等边缘有缺损现象。

(8) 包心外露（也称漏底）面茶中漏现出里茶。

(9) 泡松指紧压茶因压不紧结而呈现出泡大，易散形状。

(10) 歪扭一般指沱茶碗口处不端正。歪即碗口部分厚薄不匀，压茶机压轴中心未在沱茶正中心，碗口不正；扭即沱茶碗口不平，一边高一边低。

(11) 通洞指因压力过大，使沱茶洒面正中心出现孔洞。

(12) 掉面即洒面出现局部泡松而易散落。

(13) 掉把特指蘑菇状紧茶因加工或包装等技术操作不当，使紧茶的柄掉落。

(14) 泛黄常指普洱茶因发酵不匀或发酵不足时色泽不匀、花杂。

(15) 黑褐色，常指普洱茶因发酵过度导致碳化，而呈现出的色泽。

（二）紧压茶常见内质品质弊病的识别

(1) 闷气：主要由于发酵不足、不匀、透气不足而产生的一种似“霉气”的不正常气味。

(2) 酸气：为普洱茶中发酵不足或水分过多而出现的不正常气味。

(3) 霉气：霉变的气味。

(4) 青涩：常因发酵不足而产生的滋味带青味且发涩。

(5) 平淡：常因发酵过度而引起滋味平淡。

(6) 汤色偏黄：指普洱紧压茶类，由于发酵不足使茶汤偏黄，不符合深红的品质要求。

(7) 深红偏暗：常因发酵过度而引起。

二、能力训练

（一）训练条件

不同类型黑茶茶样 4～6 个、鉴评室、鉴评配备用具。

（二）训练目的

掌握不同类型黑茶鉴评方法，掌握各类黑茶各项品质特征描述。

（三）要求形式

(1) 通过在规范茶叶鉴评室现场对不同类型黑茶茶样进行鉴评；

(2) 对各类型黑茶鉴评进行实操训练，形成品质报告及总结。

（四）训练步骤

(1) 分为 6 组，其中一名学员担任组长，合理分工，使组内学员高效地完成实训任务。准备工作包括备具、烧水、取样等。

(2) 每组根据组内分工进行“不同类型黑茶”鉴评工作，参照“评外形—闻香气—看汤色—尝滋味—看叶底”步骤，依次进行外形及内质的鉴评，并做鉴评报告单记录工作。

(3) 各组组长带领每组进行总结，从特征描述、术语总结、品质概括等方面进行。

(4) 每组完成后，其他学员对其通过线上工具进行评价和补充完善并总结。

(5) 实训任务结束，小组进行总结记录，并各自完成整理和实训场所恢复工作。

表 8-9　不同类型紧压茶鉴评报告单

茶名	外形 20%		内质								总分
	分	形状、色泽、整碎、净度	分	香气 30%	分	汤色 5%	分	滋味 35%	分	叶底 10%	

三、训练评价

表 8-10　训练评价表

序号	评价内容	自评 30%	组间互评 30%	教师评分 40%	实际得分
1	准备工作（20 分）				
2	鉴评工作（20 分）				
3	记录工作（20 分）				
4	总结工作（30 分）				
5	恢复工作（10 分）				
合计					

四、应用情景

情景一

假如你是一名刚入职的茶企业员工，品控主管带你去收购一批黑茶，本批黑茶出现了“金花”，作为合格的品控人员，你将如何开展本次收购的品控工作？

情景二

你已经在黑茶企业工作了数年，现在茶厂生产了一批“松紧不当”的茶品，作为品控人员，你应该如何进行质量指导？

五、问题情况

1. 黑茶常见的外形品质弊病有哪些？

2. 黑茶常见的内质品质弊病有哪些？

六、课后作业

1. 选择一个你了解的黑茶产茶区，深入剖析黑茶品质弊病及改进策略。

2. 选择两款不同产地或工艺类型的黑茶，通过专业的鉴评方法，分别对两款黑茶进行详细的鉴评记录，细致对比两款黑茶品质弊病的异同点，深入探讨造成这些差异的根源，如原料品种差异、独特地域加工特点、当地储存传统影响等因素，要求结合专业知识展开深度剖析，图表结合辅助说明更佳，字数在 2000 字左右。

课后笔记：

项目九

白、黄茶品质鉴评

【知识目标】

(1) 掌握黄茶分类、制法及各类品质特征。

(2) 熟知白茶传统与现代工艺、各地区及等级特点。

【技能目标】

(1) 能精准鉴别不同类型黄茶品质差异。

(2) 熟练运用方法鉴评各等级白茶品质高低。

【素养目标】

(1) 养成严谨求实的茶叶知识学习态度。

(2) 提升专业负责的鉴评素养。

(3) 培养大国工匠精神。

白、黄茶品质鉴评

任务一　能鉴别不同等级白茶的品质特征

【核心概念】

(1) 传统白茶采用茸毛特多的政和与福鼎品种壮芽制成，由于其外形满披白毫，故称白茶。

(2) 白茶加工工艺：有芽茶（银针）和叶茶（寿眉、白牡丹）之分，其制作工艺是萎凋、晒干或烘干。

【学习目标】

(1) 掌握不同等级白茶的品质特征。

(2) 掌握不同等级白茶的鉴评方法。

一、基本知识

（一）白茶加工

白茶主产于福建的福鼎、政和、松溪和建阳等地，云南、广东、台湾等地区也有生产。

· 白毫银针：鲜叶→太阳曝晒至八九成干→文火（40～45℃）烘至足干；

· 白牡丹：鲜叶→日光萎凋至七八成干→并筛或堆放→烘焙→拣剔。

（二）白茶内质形成

白茶内质形成是由萎凋、干燥两道加工工序、工艺决定的，产品香气清鲜，滋味甘醇，汤色清淡浅黄。色香味的形成主要是萎凋时失水内含物质被浓缩、酶促作用，辅以烘焙的热化学作用。

1. 香气形成

在萎凋的前一阶段，随着叶片失水，酶活性加强，青草气成分如青叶醇等发生酶性氧化，生成醛类等物质，青气减少，转为清香风味；随着萎凋工艺的持续，多酚类轻度酶性氧化缩合，一些香气前体如氨基酸等在邻醌物质作用下，发生酶促氧化降解，生成具有花香的成分。这些芳香成分的变化，类似“萎凋香”的清香气味，成为白茶香气的基础。最后经过烘焙的干热作用，形成白茶清鲜香气。

在白茶特征香气成分筛选和鉴定方面，刘琳燕等对不同年份白茶（白毫银针、白牡丹和寿眉）的香气成分检测结果显示，芳樟醇及其氧化物、香叶醇、水杨酸甲酯、苯甲醛、苯乙醇是白茶清鲜毫香的物质基础。芳樟醇、香叶醇等醇类化合物在白毫银针中的含量较高，α—紫罗酮、β—紫罗酮、香叶基丙酮等在寿眉中的含量较高。陈年白茶中的芳樟醇及其氧化物、香叶醇、水杨酸甲酯、苯乙醇、橙花叔醇、香叶醛等花果香型香气成分减少，雪松醇、二氢猕猴桃内酯、2—甲基萘、柏木烯、β—柏木烯等含量增加，并与苯甲醛、α—紫罗酮、β—紫罗酮、香叶基丙酮等协同形成陈年白茶特殊的陈香并带有枣香、梅子香的香型特征。

陈年白茶的陈香逐渐显现，醇类化合物含量减少，碳氢化合物含量增加，这与绿茶、普洱茶在储藏过程中的变化相似。在储藏过程中，花果香型的芳樟醇及其氧化物、香叶醇、水杨酸甲酯、苯乙醇、橙花叔醇、香叶醛等香气成分降低，使白茶清鲜、毫香感逐渐减少甚至消失。一些在广东陈香茶、普洱茶等检测出的物质，如有温和木香、沉香的雪松醇，有香豆素和麝香样气息的二氢猕猴桃内酯，有煤油味的2—甲基萘，有柏木、杉木气息的柏木烯、β—柏木烯为主的多种不饱和烯烃等，可能是陈年白茶香气陈纯的物质基础。此外，与果香型的苯甲醛，紫罗兰香型的α—紫罗酮，果香、花香、木香香型的β—紫罗酮，玫瑰香、叶香、果香香型的香叶基丙酮等的协调作用，共同形成了白茶储藏过程中陈香带有枣香、梅子香等香型特点。

2. 滋味形成

白茶萎凋和红茶萎凋在时间和要求上差别很大，白茶萎凋时间长达数十个小时，要求内含成分达到深度转化。在萎凋过程中，随着酶活性的增强，有机物质趋向水解，淀粉水解为可溶性糖、蛋白质水解为氨基酸，多酚类化合物氧化缩合，从而为白茶滋味的形成提供了条件。这一阶段是酶作用过程，虽然进程缓慢，但对滋味形成很重要，例如，增加的可溶性糖，满足了呼吸作用的能量消耗而有余；氨基酸有较大幅度增加，一部分氨基酸和可溶性糖成为鲜味成分，一部分氨基酸与邻醌作用生成新香气，还为后续构香作用提供先质；多酚类总量减少，为降低苦涩味提供了可能。在萎凋的后一阶段，随着含水量的降低，酶活性下降，逐渐发生非酶性氧化，青草气进一步减少，带苦涩味的儿茶素发生异构化。经并筛、堆放后，一定的温湿度使青气和涩味进一步消失。萎凋后的烘焙阶段，热作用使青气和苦涩味的物质进一步转化，形成白茶香气清鲜、滋味甘醇的品质特征。

从白茶内含可溶性成分的角度看，茶氨酸、天冬氨酸、天冬酰胺和单磷酸腺苷（AMP）与白茶的鲜味呈正相关，黄烷－3－醇、聚酯型儿茶素类、原花青素 B3 和可可碱与白茶的苦味和涩味呈正相关；茶汤中的（－）－表没食子儿茶素没食子酸酯（EGCG）、（－）－表儿茶素没食子酸酯（ECG）、3－没食子酰基奎宁酸、咖啡碱和 γ－氨基丁酸（GABA）为白茶关键滋味化合物。

另外，对同一鲜叶加工成六大茶类成分分析结果表明，白茶与其他茶类比较品质成分含量有明显的特点，白茶的氨基酸、咖啡碱、可溶性糖总量较高，水浸物和茶多酚含量则较低，是甜醇白茶滋味形成的重要物质基础。

3. 汤色形成

因白茶加工不揉、不炒，可溶性加工色素并没有大量增加，因此呈色成分主要是水溶性天然色素黄酮类物质，汤色清淡呈杏黄色。在萎凋过程中茶多酚或被多酚氧化酶促氧化或被氧气自动氧化，白茶成品中含有茶黄素 0.14%～0.25%，茶红素 1.40%～3.50%，茶褐素 1.70%～3.50%等水溶性加工色素，参与形成茶汤色泽。长期储存的白茶，多酚物质自动氧化产物会越来越多，茶汤颜色呈往红黄、褐红方向发展趋势。

4. 叶底形成

白茶萎凋前期，随叶内水分散失及当细胞内液体浓度升高，酶活力增加，叶绿素会被酶催化分解，萎凋中期受到邻醌的耦合氧化而被降解，叶绿素在细胞内酸性条件下转变为脱镁叶绿素，导致叶片表现为深绿色。与此同时，胡萝卜素、叶黄素、茶色素等成分加入，使白茶呈现出“灰绿中带银毫”的色泽。而随着萎凋，叶绿素、叶绿素 a 含量下降较明显，叶绿素 a 与 b 的比例逐渐降低。

在加工过程中，若萎凋时间短，且气候干燥，叶绿素转化与分解较少，叶绿素保留较多，则叶色呈鲜绿色。若萎凋温度过高，堆积过厚，叶绿素就会大量破坏，暗红色成分增加，则呈现暗褐色至黑褐色。

图 9－1　广东仁化白茶（2021 年制）

图 9－2　白牡丹（2020 年制）

图 9－3　贡眉（2014 年制）

（三）白茶品质特征

白茶因产地、采摘标准及制法的不同，形成不同品质风格。具体见表 9-1。

表 9-1　白茶品质特征

茶名	品质特征
白毫银针	色泽鲜明，遍披白毫，具银色光泽，香气清鲜，毫味浓，滋味鲜爽微甜，汤色浅杏黄
白牡丹	叶张灰绿或暗绿，稍呈银白光泽，毫心肥壮，叶张肥嫩波纹隆起，叶缘反向叶背垂卷，一二叶抱心，内质毫香显，味鲜醇，不带青气和苦涩味，汤色杏黄或橙黄清澈，叶底浅灰绿面白底，叶脉微红
大白	叶张肥壮，毫心肥大，色翠绿，香味鲜醇
水仙白	叶张肥大，毫心长而肥壮，叶色灰绿（制法不当易带黄色），香气清芳甜醇
小白	叶张细嫩，毫心细秀，色泽灰绿，香清芳，味爽口
贡眉	叶张毫心小，叶色灰绿带黄，品质次于白牡丹
寿眉	品质次于贡眉，介于贡眉三、四级之间，为副茶

(四) 不同等级白茶品质特征

白毫银针的感官品质应符合表 9-2 的规定。

表 9-2　白毫银针的感官品质

级别	项目							
	外形				内质			
	条索	整碎	净度	色泽	香气	滋味	汤色	叶底
特级	芽针肥壮、茸毛厚	匀齐	洁净	银灰白富有光泽	清纯、毫香显露	清鲜醇爽、毫味足	浅杏黄、清澈明亮	肥壮、软嫩、明亮
一级	芽针瘦长、茸毛略薄	较匀齐	洁净	银灰白	清纯、毫香显	鲜醇爽、毫味显	杏黄、清澈明亮	嫩匀明亮

白牡丹的感官品质应符合表 9-3 的规定。

表 9-3　白牡丹的感官品质

级别	项目							
	外形				内质			
	条索	整碎	净度	色泽	香气	滋味	汤色	叶底
特级	毫心多肥壮、叶背多茸毛	匀整	洁净	灰绿润	鲜嫩、纯爽毫香显	清甜醇爽毫味足	黄、清澈	芽心多、叶张肥嫩明亮
一级	毫心较显、尚壮、叶张嫩	尚匀整	较洁净	灰绿尚润	尚鲜嫩、纯爽有毫香	较清甜、醇爽	尚黄、清澈	芽心较多、叶张嫩、尚明
二级	毫心尚显、叶张尚嫩	尚匀	含少量黄绿片	尚灰绿	浓纯、略有毫香	尚清甜、醇厚	橙黄	有芽心、叶张尚嫩、稍有红张
三级	叶缘略卷、有平展叶、破张叶	欠匀	稍夹黄片蜡片	灰绿稍暗	尚浓纯	尚厚	尚橙黄	叶张尚软有破张、红张稍多

贡眉的感官品质应符合表 9-4 的规定。

表 9-4　贡眉的感官品质要求

级别	项目							
	外形				内质			
	条索	整碎	净度	色泽	香气	滋味	汤色	叶底
特级	叶态卷、有毫心	匀整	洁净	灰绿或墨绿	鲜嫩，有毫香	清甜醇爽	橙黄	有芽尖、叶张嫩亮
一级	叶态尚卷、毫尖尚显	较匀	较洁净	尚灰绿	鲜纯，有嫩香	醇厚尚爽	尚橙黄	稍有芽尖、叶张较尚亮
二级	叶态略卷稍展、有破张	尚匀	夹黄片铁板片少量蜡片	灰绿稍暗、夹红	浓纯	浓厚	深黄	叶张较粗、稍摊、有红张
三级	叶张平展、破张多	欠匀	含鱼叶蜡片较多	灰黄夹红稍暗	浓、稍粗	厚、稍粗	深黄微红	叶张粗杂、红张多

理化指标应符合表 9-5 的规定。

表 9-5　理化指标

项目	指标
水分（质量分数）/%≤	8.5
总灰分（质量分数）/%≤	6.5
粉末（质量分数）/%≤	1.0
注：粉末含量为白牡丹、贡眉和寿眉的指标。	

资料来源：GB/T 22291—2017。

二、能力训练

(一)训练条件

不同等级白茶茶样5个、鉴评室、鉴评配备用具。

(二)训练目的

掌握不同等级白茶鉴评方法及各项品质特征描述。

(三)要求形式

(1)对不同等级白茶茶样进行鉴评;

(2)形成品质报告及总结。

(四)训练步骤

(1)分组进行，其中1名成员担任组长，合理高效分工，完成实训任务。准备工作包括备具、烧水、取样等。

(2)根据组内分工进行“不同等级白茶”鉴评工作，参照“评外形—闻香气—看汤色—尝滋味—看叶底”步骤，依次进行鉴评，并做鉴评报告单记录工作。

(3)各组长牵头完成各项总结，从特征描述、术语总结、品质概括等方面进行。

(4)各项任务完成后，组内其他成员通过线上工具进行补充和评价，并各自完成整理和实训场所恢复工作。

表9-6　不同类型白茶鉴评报告单

茶名	外形20%		内质								总分
	分	形状、色泽、整碎、净度	分	香气30%	分	汤色5%	分	滋味35%	分	叶底10%	

三、训练评价

表 9-7　训练评价表

序号	评价内容	自评 30%	组间互评 30%	教师评分 40%	实际得分
1	准备工作（20 分）				
2	鉴评工作（20 分）				
3	记录工作（20 分）				
4	总结工作（30 分）				
5	恢复工作（10 分）				
合计					

四、应用情景

情景一

如果你是茶艺馆新入职的员工，一天茶艺馆来了一名顾客，从聊天中你知道了顾客来自北方，现在你需要根据顾客的口味喜好推荐符合顾客口味的白茶类型，你会怎么推荐？

情景二

如果你就职于本地某知名白茶企业，企业为了开拓南方茶市场，现在需要研制一款符合南方口感的白茶，如果这个项目由你来负责，在茶品研制特别是原料的选择上你会如何开展？

五、问题情况

1. 白茶的主要加工工序包括哪些？

2. 影响白茶的主要化学成分有哪些？

3. 不同等级及品类的白茶品质特征分别是什么？

六、课后作业

1. 对云南及广东白茶进行鉴评实训。
2. 制备不同等级白茶的实物标本。

课后笔记：

任务二　能鉴别不同工艺白茶的品质特征

【核心概念】

（1）传统工艺白茶：传统工艺强调自然与手工相结合，追求白茶的自然风味。

（2）传统工艺与现代工艺白茶的对比：传统工艺白茶注重自然与手工的结合，追求茶叶的自然风味和品质稳定性；而现代工艺白茶则注重生产效率和品质监控手段的应用，追求茶叶的品质稳定性和一致性。

【学习目标】

（1）掌握传统工艺与现代工艺白茶的品质特征。

（2）掌握不同地区白茶的工艺特点与品质特征。

一、基本知识

（一）传统工艺白茶简介

传统白茶工艺主要包括两个核心步骤：萎凋和干燥，传统工艺强调自然与手工相结合，追求茶叶的自然风味。

传统白茶的萎凋多采用日光萎凋与室内自然萎凋相结合的方式。日光萎凋在微弱阳光下进行，以促进茶叶中的酶促反应，使茶叶软化，内含物质发生转化。室内自然萎凋则在通风良好的室内进行，通过自然温湿度变化完成萎凋过程。这一过程通常需要较长时间，且需根据天气情况灵活调整，以确保茶叶品质。在传统工艺中，萎凋程度对白茶的色泽具有重要影响。适度的萎凋能够使茶叶色泽银白、灰绿或深绿，呈现出白茶特有的毫色和光泽。萎凋不足会导致茶叶色泽偏绿，香气青涩；而萎凋过度则会使茶叶色泽发暗，影响品质。

干燥是白茶制作的最后一道工序，传统上多采用自然晒干或阴干的方式。这种方式能够最大限度地保留茶叶的原有风味和营养成分。传统干燥方法能够保留白茶的原有风味和营养成分。自然晒干的白茶香气清新自然，滋味醇厚回甘；而阴干的白茶则香气更为内敛，滋味更加细腻。不同的干燥方法对白茶的香气、滋味和口感均有一定影响。

传统工艺白茶具有越陈越香的特点。随着存储年份的增加，白茶中的内含物质会发生缓慢变化，香气逐渐变得更加浓郁复杂，滋味也更加醇厚甘甜。不同等级的白茶在存储过程中会发生不同的变化，但总体趋势是品质逐渐提升。

（二）现代工艺白茶品质特征

随着科技的进步和市场需求的变化，现代白茶工艺在传统基础上进行了诸多创新和发展，如加温萎凋和机械干燥等。加温萎凋：为了解决传统萎凋受天气影响的问题，现代工艺中引入了加温萎凋技术。通过加温设备控制萎凋环境的温湿度，实现茶叶的快速萎凋，提高生产效率。在现代白茶干燥工艺中，机械干燥逐渐取代了传统的自然晒干和阴干方式。机械干燥能够更精确地控制干燥温度和时间，确保茶叶干燥均匀，品质稳定。

1. 机械加工对茶叶形态改变

现代机械加工技术能够精确控制茶叶的形态和规格。通过切割、揉捻等工序，可以制作出形态整齐、规格一致的现代工艺白茶。然而，这种加工方式可能会对茶叶的外形及色泽与内质造成一定影响。

2. 发酵程度控制技巧及效果

现代工艺中引入了发酵程度控制技术，通过精确控制发酵时间和温度等条件，实现白茶发酵程度的精准控制。这种技术能够确保白茶在发酵过程中形成独特的香气和口感，提高茶叶的品质稳定性。

3. 现代工艺白茶口感和香气特点

现代工艺白茶在口感和香气方面表现出色。由于采用先进的加工技术和品质监控手段，现代工艺白茶的香气浓郁持久，口感醇厚顺滑。同时，不同等级和类型的现代工艺白茶还呈现出多样化的香气和口感特点。

图 9—4　福鼎白牡丹

图 9—5　政和白牡丹

图 9—6　新工艺白茶

图 9—7　白茶饼茶

（三）对比分析不同工艺白茶的优劣

传统工艺白茶与现代工艺白茶各有优劣。传统工艺白茶注重自然与手工相结合，追求茶叶的自然风味和品质稳定性；而现代工艺白茶则注重生产效率和品质监控手段的应用，追求茶叶的品质稳定性和一致性。两者在加工方式、品质特征等方面存在一定差异。

（四）不同地区白茶品质特征

表 9-8　不同地区白茶品质特征

地区	工艺流程	特点
福建白茶（以福鼎白茶为例）	采摘：根据气温采摘玉白色一芽一叶初展鲜叶，做到早采、嫩采、勤采、净采，芽叶成朵，大小均匀，留柄要短，轻采轻放，竹篓盛装、竹筐贮运。 萎凋：采摘鲜叶用竹匾及时摊放，厚度均匀，不可翻动。摊青后，根据气候条件和鲜叶等级，灵活选用室内自然萎凋、复式萎凋或加温萎凋。当茶叶达七八成干时，室内自然萎凋和复式萎凋都需进行并筛。 烘干：初烘烘干机温度 100～120℃，时间 10min；摊凉 15min。复烘温度 80～90℃，低温长烘 70℃左右	外形芽毫完整，满披白毫，如银似雪。具有毫香浓郁，汤色浅黄明亮，滋味鲜爽清甜，口感醇厚，回甘持久等特点。根据茶叶的采摘标准不同，主要分白毫银针、白牡丹、贡眉、寿眉及新工艺白茶等不同等级，各具特色
云南白茶（以月光白茶为例）	摊叶晾青：鲜叶采摘下来要进行一定程度的摊晾，茶青带叶采，摊叶要薄；单芽可略厚，但芽与芽之间要保证足够空气流通。 萎凋：充分考虑制茶环境中的气温、空气湿度、气流、空气含氧量等要素。在萎凋过程中有并筛环节，根据萎凋情况进行。萎凋历时与鲜叶的嫩度、气候、季节有关，制茶师感官鉴别萎凋叶色泽转灰绿，叶缘微卷，茸毛发白，青臭气淡化，发出甜醇的“萎凋香”即为适度。 干燥：当鲜叶失水达到 70%～80%，茶叶中有效物质通过转化基本形成白茶风味特征时，可进行阳光干燥。将干燥定型的茶叶，在阳光下进行堆仓，让温度在茶叶之间传递，香气和内质达到平衡。经过暴晒后，茶叶至足干，含水率降至 7%以下，移到避光通风处放凉，进行捡剔匀堆后才能装袋。若达不到理想干燥目标，可进行低温烘焙，具体温度与时长依茶叶当时状态而定	常采用云南大叶种茶树为原料，茶叶内含物质丰富。外形上，嫩采的芽及嫩叶的叶背银白似雪，叶面灰绿或墨绿，内质特点是汤色黄亮清澈，香气高长，滋味醇厚

续表

地区	工艺流程	特点
广东白茶（以连州白茶为例）	萎凋：分为室内萎凋和室外日光萎凋两种，要根据气候灵活掌握，以春秋晴天或夏季不闷热的晴朗天气，采取室内萎凋或复式萎凋为佳。 干燥：其精制工艺是在剔除梗、片、蜡叶、红张、暗张之后，以文火进行烘焙至足干，只宜以火香衬托茶香，待水分含量为4%～5%时，趁热装箱	其制法的特点是既不破坏酶的活性，又不促进氧化作用，且保持毫香显现，汤味鲜爽
台湾白茶	台湾白茶工艺主要是轻度发酵、自然萎凋后干燥	在口感和香气上可能具有一定的独特性，部分台湾白茶带有花香、果香等

二、能力训练

（一）训练条件

福建白茶、广东白茶、云南白茶、台湾白茶等不同地区白茶茶样4个、鉴评室、鉴评配备用具。

（二）训练目的

掌握不同地区白茶鉴评方法，掌握各地区不同工艺白茶各项品质特征。

（三）要求形式

（1）通过在规范茶叶鉴评室现场对不同地区及不同工艺的白茶茶样进行鉴评；

（2）进行不同工艺白茶鉴评实操训练，形成品质报告及总结。

（四）训练步骤

（1）分组进行，其中1名成员担任组长，合理高效分工，完成实训任务。开展备具、烧水、取样等准备工作。

（2）根据组内分工进行“不同工艺白茶”鉴评工作，参照“评外形—闻香气—看汤色—尝滋味—看叶底”步骤，依次进行鉴评，并做鉴评报告单记录工作。

（3）各组长牵头完成各项总结，从特征描述、术语总结、品质概括等方面进行。

（4）各项任务完成后，组内其他成员通过线上工具进行补充和评价，并各自完成整理和实训场所恢复工作。

表9-9　不同工艺白茶鉴评报告单

茶名	外形 20%		内质								总分
	分	形状、色泽、整碎、净度	分	香气 30%	分	汤色 5%	分	滋味 35%	分	叶底 10%	

三、训练评价

表 9-10　训练评价表

序号	评价内容	自评 30%	组间互评 30%	教师评分 40%	实际得分
1	准备工作（20 分）				
2	鉴评工作（20 分）				
3	记录工作（20 分）				
4	总结工作（30 分）				
5	恢复工作（10 分）				
合计					

四、应用情景

情景一

如果你在茶馆工作，来了一名客人带来一款白茶，具有“叶背银白似雪，叶面灰绿或墨绿”的特点，还说这个是他一位很要好的朋友送给他的白茶，请你帮忙鉴别一下这个是什么白茶，品质如何，市场价格是多少，你会怎么做？

情景二

如果你在一家知名白茶企业工作，老板需要你概括本企业白茶的特点，让市场消费者一下子就能够认识白茶并快速了解，同时还需要突出本企业白茶与其他地区白茶的不同，你会怎么做？

五、问题情况

1. 传统工艺白茶的特征。

2. 现代白茶工艺的品质特点。

3. 不同地区白茶的工艺与品质的异同点。

六、课后作业

1. 总结不同地区白茶的工艺特点。
2. 收集不同地区白茶的叶态特征，并对当地气候与生态做初步调研。

课后笔记：

任务三　能鉴别不同闷黄工艺黄茶的品质特征

【核心概念】

(1) 不同闷黄工艺：干闷、湿闷等。

(2) 不同类型黄茶：芽型、芽叶型、大叶型等。

【学习目标】

(1) 掌握黄茶的分类及相关制法。

(2) 掌握不同类型黄茶的品质特征。

一、基本知识

(一) 黄茶的分类

依鲜叶老嫩分为黄小茶和黄大茶。黄小茶又称芽茶，如君山银针、蒙顶黄芽、北港毛尖、沩山毛尖等；黄大茶又称叶茶，产于安徽霍山、金寨、六安、岳西和黄山等，具体见表9-11。黄小茶一般采一芽一叶和一芽二叶初展；黄大茶采一芽四五叶。闷黄是黄茶加工的特点，是形成黄茶“黄汤黄叶”品质的关键。

表 9-11　黄茶分类表

序号	茶名	老嫩分类	产区
1	君山银针	黄小茶（芽茶）	湖南岳阳洞庭湖
2	蒙顶黄芽	黄小茶（芽茶）	四川雅安蒙顶山
3	北港毛尖	黄小茶（芽茶）	湖南岳阳
4	沩山毛尖	黄小茶（芽茶）	湖南宁乡沩山
5	霍山黄芽	黄小茶（芽茶）	安徽霍山
6	霍山黄大茶	黄大茶（叶茶）	安徽霍山、金寨、六安、岳西和黄山
7	平阳黄汤	黄小茶（芽茶）	浙江平阳
8	广东大叶青	黄大茶（叶茶）	广东韶关、肇庆、湛江、英德等县市
9	台山野化黄茶	黄大茶（叶茶）	广东台山
10	菌化单丛黄茶	黄大茶（叶茶）	广东潮州

(二) 黄茶内质形成

黄茶与绿茶相比，加工上只在揉捻后增加了闷黄工艺，正是闷黄工艺的显热作用和微生物生长导致黄茶“黄叶、黄汤、叶底黄”三黄的品质特征。

1. 干茶色泽

黄茶加工在杀青、揉捻、闷黄、干燥等工序中，茶多酚部分氧化、叶绿素受到破坏程度可达60%，成品茶色泽主要成分则为多酚氧化色素（茶黄素）、叶绿素及降解物质（脱镁叶绿素）、叶黄素和胡萝卜素等黄色基调物质。

黄茶品种因其原料和闷黄干湿度、时间长短、通氧与否不同，导致干茶色泽有显著差异。黄芽茶干茶色泽嫩黄明亮，湖南地区黄茶显嫩绿色或显黄褐色，而四川地区的嫩黄带绿；黄小茶干茶颜色普遍黄润，浙江地区存在显褐色样品，安徽地区的黄小茶较翠绿，湖北地区也有黄绿色的黄小茶；黄大茶干茶主要呈黄褐色或绿褐色。但它们的干茶色调都是黄色。

2. 汤色

黄茶汤色“黄色”，是在杀青叶色暗绿色基础上，经过闷黄、干燥处理，引起叶绿素进一步脱镁转化，产生少量茶黄素、黄酮类及其氧化色素等综合构成茶汤的呈色成分。

黄芽茶汤色总体以嫩黄色为佳，但因地域或品种不同色调上也有一定的差异。湖南、四川地区的呈黄绿明亮；叶底颜色嫩黄明亮，安徽和四川地区的茶叶叶底较其他地区更绿；黄小茶则比黄芽茶颜色深，呈黄亮色，浙江、安徽和湖北地区的黄小茶汤色比其他地区的更绿；叶底颜色大部分为黄色，而安徽地区黄小茶叶底的绿色更明显；而黄大茶汤色最深，多为橙黄色；叶底多呈褐色，湖北地区的较绿。

3. 香气

不同种类的黄茶呈现不同的香味。黄芽茶的主要香气成分为苯乙醛，使黄芽茶呈现清香味；黄小茶则具有较多醇类物质，使黄小茶清香之余有更多甜香；黄大茶中杂环化合物较多，使黄茶有较浓郁的锅巴香（表9-12）。

表9-12　不同黄茶主要香气成分

种类	香味类型	主要香气物质	参考文献
黄芽茶	清香	苯乙醛、α—紫罗酮、2—二甲基丁醛、顺—3—已烯醇、苯乙烯、苯甲醛、(E，E)—2，4—庚二烯醛、1—乙基吡咯—2—甲醛、顺—氧化芳樟醇、反—氧化芳樟醇、芳樟醇、水杨酸甲酯、香叶醇、吲哚、联苯等	[23—25]
黄小茶	清甜香	香叶醇、苯甲醇、芳樟醇、氧化芳樟醇Ⅰ、氧化芳樟醇Ⅱ、苯乙醇、柠檬醛、橙花醛、顺—3—已烯醇、苯乙烯、1—辛烯—3—醇、(E)—2—庚烯醛、(E，E)—3，5—辛二烯—2—酮、萘、水杨酸甲酯、吲哚、联苯、(2)—茉莉酮、α—紫罗酮、香豆素、香叶基丙酮、反—β—紫罗酮、氢猕猴桃内酯等	[24—25]
黄大茶	锅巴香	2．3—二乙基—5—甲基吡嗪、3—乙基—2，5—二甲基吡嗪、2—乙基—5—甲基吡嗪、N—甲基—2—吡咯甲醛月桂烯、1—乙基—1H—吡咯、2，4—二甲基—3—乙基吡咯、2，5—二乙基—3—乙基吡嗪、2—甲基—5—乙基吡嗪、甲氨酸甲酯、对二甲苯、柠檬烯、8—月桂、芳樟醇、氧化芳樟醇、β—紫罗酮、糠醛、5—甲基—2—呋喃羧醛、3—乙基—2，5—二甲基吡嗪、1—乙基—1—吡咯、2，5—二甲基吡嗪、苯甲酸甲酯等	[26—27]

4. 滋味

闷黄作用，多酚中的酯型儿茶素含量显著减小、非酯型儿茶素略有增加和部分氧化降低了涩味，多糖类（包括淀粉、原果胶、纤维素等）、蛋白质等水解成可溶性糖和氨基酸，增加了鲜味，也使黄茶酚氨比显著降低，形成香清味醇的内质特征。

表 9-13　黄茶主要滋味物质成分

滋味	主要物质	参考文献
苦味	EGCG、EGC、GC、ECG、CG、GCG、EC、C、亮氨酸、异亮氨酸、组氨酸、咖啡因、没食子酸、茶红素、茶黄素、茶褐素	[33—34，39—42，44]
涩味	芦丁、单宁、没食子酸、EGCG、EGCGC、ECG	[33—34，39—42，44]
甜味	可溶性糖、多糖、苯丙氨酸、赖氨酸、丝氨酸、丙氨酸、甘氨酸、苏氨酸、EC、C	[51—53，58]
回甘味	EC、EGC、水溶性果胶	[42，51，60]
鲜味	可溶性多糖、茶氨酸、甲硫氨酸、谷氨酸、没食子酸	[33，49—50]
酸味	天冬氨酸、天冬酰胺、甘氨酸、ECG、GCG、没食子酸等有机酸	[39，42]

5. 叶底

闷黄也是黄茶叶底色泽形成的关键工序，在黄茶加工过程中，虽然从杀青开始到干燥结束都是为茶叶的黄变创造条件，但黄变主要发生在闷黄阶段，在闷黄工序中，叶绿素被大量破坏，从而使绿色减少，黄色显露。另外，难溶于水的类胡萝卜素是茶叶中黄色色素的黄茶叶底色泽的主体成分，主要成分有β—胡萝卜素、叶黄素、隐黄素等，叶绿素的降低一定程度上促使类胡萝卜素黄色显现。

（三）不同工艺的黄茶品质特征

应符合表 9-14 的规定。

表 9-14　不同工艺的黄茶品质特征

序号	茶名	工艺	品质特点
1	君山银针	经过杀青、初揉、初烘、复揉、闷黄、干燥等工序，还需特殊针形制作工艺	茶叶外形细如针，色泽金黄光亮，香气清高，滋味鲜爽甘醇，汤色橙黄明亮，叶底黄亮匀齐
2	蒙顶黄芽	选用嫩芽为原料，经过杀青、初揉、初烘、复揉、闷黄、干燥等工序	茶叶外形扁平挺直，色泽黄润，香气清芬，滋味鲜爽，汤色黄亮，叶底全芽嫩黄
3	北港毛尖	一般经过杀青、锅揉、闷黄、复炒、烘干等工序	芽壮叶肥，毫尖显露，呈金黄色，汤色橙黄，香气清高，滋味醇厚
4	沩山毛尖	杀青、闷黄、轻揉、烘焙、熏烟等	外形微卷成块状，色泽黄亮油润，白毫显露，汤色橙黄明亮，松烟香气浓郁，滋味醇甜爽口

续表

序号	茶名	工艺	品质特点
5	霍山黄芽	经过精心采摘、杀青、初烘、初揉、复烘、复揉、闷黄、干燥等工序	外形微扁紧直，形如雀舌，颜色金黄，白毫显露，汤色黄绿，香醇浓郁，有板栗香气，叶底微黄明亮
6	霍山黄大茶	杀青、初烘、堆积、烘焙等	梗壮叶肥，叶片成条，梗叶相连形似钓鱼钩，梗叶金黄显褐，汤色深黄显褐，焦香高爽，滋味浓厚醇和
7	平阳黄汤	采摘早春一芽一叶或一芽二叶初展，经过多道工序制作	以“干茶显黄，汤色杏黄、叶底嫩黄”的“三黄”特征著称，香气清高持久，滋味鲜醇爽口，汤色杏黄明亮
8	广东大叶青	主要产于广东韶关、肇庆、湛江等县市，制作工艺包括萎凋、杀青、揉捻、闷堆等	外形条索肥壮、紧结、重实，老嫩均匀，叶张完整，显毫，色泽青润显黄，香气纯正，滋味浓醇回甘，汤色橙黄明亮，叶底淡黄
9	台山野化黄茶	制作工艺主要包括萎凋、杀青、揉捻、初干、闷黄、足干等	外形条索卷曲，灰绿带黄、较匀亮，香气纯正，蜜香明显，滋味醇厚，汤色蜜黄，叶底绿黄匀亮
10	菌化单丛黄茶	制作工艺主要包括萎凋、摊晾、做青、杀青、揉捻、初干、闷黄、足干等	外形条索紧结，黄褐匀亮，香气蜜香明显，持久，滋味醇爽回甘，汤色黄亮，叶底绿黄，柔软较亮

（四）感官品质要求

应符合表 9-15 的规定。

表 9-15　感官品质要求

种类	项目							
	外形				内质			
	形状	整碎	净度	色泽	香气	滋味	汤色	叶底
芽型	针形或雀舌型	匀齐	净	嫩黄	清鲜	鲜醇回甘	杏黄明亮	肥嫩黄亮
芽叶型	条形或扁形或兰形	较匀齐	净	黄青	清高	醇厚回甘	黄明亮	柔嫩黄亮
多叶型	卷略松	尚匀	有茎梗	黄褐	纯正、有锅巴香	醇和	深黄明亮	尚软黄尚亮有茎梗
紧压型	规整	紧实	—	褐黄	醇正	醇和	深黄	尚匀

（五）理化指标

应符合表 9-16 的规定。

表 9-16　理化指标

项目	指标			
	芽型	芽叶型	多叶型	紧压型
水分/（g/100g）≤	6.5		7.0	9.0
总灰分/（g/100g）≤	7.0		7.5	
碎茶和粉末（质量分数）/%≤	2.0	3.0	6.0	—
水浸出物（质量分数）/%≥	32.0			

二、能力训练

（一）训练条件

君山银针、蒙顶黄芽、霍山黄大茶、台山野化黄茶、菌化单丛黄茶等不同工艺黄茶茶样 5 个、鉴评室、鉴评配备用具。

（二）训练目的

掌握不同工艺黄茶鉴评方法及各项品质特征描述。

（三）要求形式

（1）对不同工艺黄茶茶样进行鉴评；

（2）形成品质报告及总结。

（四）训练步骤

（1）分组进行，其中 1 名成员担任组长，合理高效分工，完成实训任务。开展备具、烧水、取样等准备工作。

（2）根据组内分工进行“不同工艺黄茶”鉴评工作，参照“评外形—闻香气—看汤色—尝滋味—看叶底”步骤，依次进行鉴评，并做鉴评报告单记录工作。

（3）各组组长牵头完成各项总结，从特征描述、术语总结、品质概括等方面进行。

（4）各项任务完成后，组内其他成员通过线上工具进行补充和评价，并各自完成整理和实训场所恢复工作。

表 9-17 不同类型黄茶鉴评报告单

茶名	外形 20%		内质								总分
	分	形状、色泽、整碎、净度	分	香气 30%	分	汤色 5%	分	滋味 35%	分	叶底 10%	

三、训练评价

训练评价结果填入表 9-18。

表 9-18 训练评价表

序号	评价内容	自评 30%	组间互评 30%	教师评分 40%	实际得分
1	准备工作（20 分）				
2	鉴评工作（20 分）				
3	记录工作（20 分）				
4	总结工作（30 分）				
5	恢复工作（10 分）				
合计					

四、应用情景

情景一

如果你回家乡创业，你所创办的企业为了助力乡村振兴，准备投产一片茶园，家乡刚好有一片 20 世纪 80 年代遗留下来的茶园，原来生产的茶叶销量不是很好，现在如果创新黄茶产品，你会怎么做？

情景二

如果你在一家黄茶企业工作，目前市场上的黄茶产品并不多，为了使更多人了解黄茶，企业准备运用新媒体手段，将黄茶的工艺及相关内容通过直播让更多的人了解，现在这个任务落到了你身上，你将如何开展？

五、问题情况

1. 中国黄茶是如何进行分类的？

2. 黄茶的内质形成原理。

3. 不同工艺对黄茶的品质影响。

六、课后作业

1. 通过查阅文献，进一步了解黄茶相关品质知识。
2. 整理不同工艺对黄茶的品质影响，整理成思维导图。

课后笔记：

模块三·强化提升篇

项目十

茶叶拼配及质量控制

【知识目标】

（1）熟知茶叶拼配原则、要求，把握其核心理论知识。

（2）明晰七档制、百分制评茶法原理及二者之间的差异。

【技能目标】

（1）熟练运用茶叶拼配步骤与方法开展实操。

（2）精准操作七档制、百分制评茶法进行鉴评。

【素养目标】

（1）培养严谨细致、遵循标准的作业态度。

（2）塑造善于钻研、精于把控品质的职业素养。

茶叶拼配及质量控制

任务一　能运用七档制、百分制评茶法进行评茶操作

【核心概念】

（1）对样评茶：是一种以标准茶样为参照，对其他待评茶叶进行综合评价的方法。

（2）七档制、百分制评分法：七档制评分法是一种常见的评估方法，通常用于对特定对象进行量化评价；百分制评茶法是一种较为常见且科学的茶叶品质评定方法。

【学习目标】

（1）掌握七档制、百分制评茶法的操作。

（2）了解七档制、百分制评茶法的区别。

一、基本知识

（一）七档制、百分制评茶法

七档制、百分制评茶法是常用的对样评茶方法，下面以乌龙茶对样评茶为例，对评茶过程中常见的七档制、百分制评茶法进行学习。

1. 外形鉴评

取混合均匀样品125g置于样茶盘中，按外形感官因子，鉴评样品外形紧结度、匀整度、色泽。

形状：评比大小、松紧、轻重程度。

匀度：评比匀齐程度。

净度：评比有无梗、筋皮。

色泽：评比色泽深浅、润枯、匀杂程度。

2. 内质鉴评（盖碗鉴评法）

（1）铁观音、色种、乌龙、包种等

称取样品5g置于盖瓯中（茶水比例1：20），加沸水冲泡2～3次，高级茶冲泡4次。

第一次加盖浸泡2min，第二次加盖浸泡3min，第三次加盖浸泡5min，以第二次冲泡为基准，第一次、第三次冲泡为参照，分别评定香气、汤色、滋味，最后，将叶渣移入叶底盘，检查其叶底。

（2）广东单丛茶类（地方常用方法）

称取样品5g置于盖瓯中（茶水比例1：20），加沸水冲泡3次，高级茶冲泡4次。

第一次加盖浸泡1min，第二次加盖浸泡2min，第三次加盖浸泡3min。以第二次冲泡为基准，第一次、第三次冲泡为参照，按单丛茶感官品质指标，依次评定香气、汤色、滋味，最后，将叶渣移入叶底盘，检查其叶底。

香气：评比香型浓淡、高低、鲜陈以及有无不正常气味。

滋味：评比茶汤浓强度、鲜爽度以及有无不正常异味。

汤色：评比茶汤的深浅、明暗以及有无沉淀物。

叶底：评比老嫩、匀杂和亮暗程度。

3. 对样评茶（百分制）的评分方法

（1）百分制法评分（每级差别10分）	（2）七档制法评分
◎设定某个《标准样》基准分为100分 ◎与《待评样》对比，按给分看是否符合。 相符：100分 稍高：＋1～3分 较高：＋4～6分 高：＋7～9分 稍低：－1～3分 较低：－4～6分 低：－7～9分	◎外形、内质分别评分 ◎根据各因子权数计算实际分数。 符合标准样：0分 稍高：＋1分 较高：＋2分 高：＋3分 稍低：－1分 较低：－2分 低：－3分

（3）对样评茶品质记录

表 10-1　对样评茶品质记录

标准样名称：		等级：		评比样名称：		评定等级：	
项目	外形				内质			
因子	条索	色泽	整碎	净度	香气	汤色	滋味	叶底
高								
稍高								
较高								
相当								
稍低								
较低								
低								
鉴评意见：								

（4）品质记录表——记录评茶术语

按表 10-2 各项要求填写。

表 10-2　品质记录表

样品名称	外形				内质			
	形状	色泽	整碎	净度	香气	汤色	滋味	叶底

(5) 各茶类评分系数

表 10-3　各茶类评分系数

茶类	外形 (a)	汤色 (b)	香气 (c)	滋味 (d)	叶底 (e)
绿茶	25	10	25	30	10
工夫红茶（小种红茶）	25	10	25	30	10
（红）碎茶	20	10	30	30	10
乌龙茶	20	5	30	35	10
黑茶（散茶）	20	15	25	30	10
紧压茶	20	10	30	35	5
白茶	25	10	25	30	10
黄茶	25	10	25	30	10
花茶	20	5	35	30	10
袋泡茶	10	20	30	30	10
粉茶	10	20	35	35	0

（二）七档制与百分制评茶法的区别

表 10-4　七档制与百分制评茶法的区别

比较项目	七档制评茶法	百分制评茶法
评分方式	分为七个档次，用数字或字母表示，根据综合表现归入相应档次	以 100 分为总分，对各项品质指标细化评分，按权重打分后相加得总分
精度与区分度	精度较低，区分度不细致，跨度大，难区分相近品质茶叶，适合快速评价和初步筛选	精度高，区分度细致，能反映细微差异，适用于品质要求高的评审或比赛
评价标准明确性	相对笼统，需明确各档次标准以确保一致性	细化评分，使标准更明确，有详细评分细则，减少主观因素
适用场合	批发市场快速筛选、日常初步评价、非专业人士简单评价	专业评审活动、质量检测机构、茶叶比赛等品质要求高的场合

图 10-1　百分制评茶（外形评比）

图 10-2　百分制评茶（内质评比）

二、能力训练

（一）训练条件

不同等级乌龙茶茶样 3 个、标准样 1 个、鉴评室、鉴评配备用具。

（二）训练目的

通过实操掌握对样评茶的方法及七档制、百分制评茶法的运用。

（三）要求形式

（1）对不同等级乌龙茶茶样运用七档制、百分制评茶法进行对样鉴评；

（2）形成品质报告及总结。

（四）训练步骤

（1）分组进行，其中 1 名成员担任组长，合理高效分工，完成实训任务。开展备具、烧水、取样等准备工作。

（2）根据组内分工进行“对样评茶”鉴评工作，参照“评外形—闻香气—看汤色—尝滋味—看叶底”步骤，依次进行鉴评，并做鉴评报告单记录工作。

（3）各组组长牵头完成各项总结，从特征描述、术语总结、品质概括等方面进行。

（4）各项任务完成后，组内其他成员通过线上工具进行补充和评价，并各自完成整理和实训场所恢复工作。

表 10-5　对样评茶报告单

样品名称	外形				内质			
	形状	色泽	整碎	净度	香气	汤色	滋味	叶底

三、训练评价

表 10-6 训练评价表

序号	评价内容	自评 30%	组间互评 30%	教师评分 40%	实际得分
1	准备工作（20 分）				
2	鉴评工作（20 分）				
3	记录情况（20 分）				
4	总结工作（30 分）				
5	恢复工作（10 分）				
合计					

四、应用情景

情景一

你在茶叶生产部门工作，茶厂现在有 10t 的一批红茶，需要对茶叶品质进行鉴评并定级，同时为下一步的茶叶拼配做准备，请问你会如何运用对样评茶法开展此项工作，以实际行动践行职业操守，助力茶厂发展？

情景二

在茶叶市场中，在创业路上其始终牢记诚信经营的理念。针对不同市场，他为中高端店精心挑选特一、特二档次茶叶，满足消费者对高品质的追求；为大众消费市场选二级、三级茶叶，提供性价比之选。但其经常面临采购难题，在采购过程中，他应该如何运用所学进行合适的货源挑选？

五、问题情况

1. 对样评茶的操作流程。

____

____

____

2. 各茶类的权数是多少？

____

____

____

3. 七档制与百分制评茶法的区别。

六、课后作业

1. 请根据课程所学，课后进行 2 个茶类 4 个茶样的对样评茶练习。

2. 根据七档制和百分制评茶法，对不同季节的红茶进行鉴评，为下一次课程做好课前准备。

课后笔记：

任务二　能根据茶叶品质制订合适的拼配方案及操作

【核心概念】

（1）茶叶拼配：是将不同品质、不同产地、不同季节、不同批次的茶叶按照一定的比例和方法进行混合调配，以达到稳定茶叶品质、优化口感、降低成本、满足市场需求等目的的一种工艺。

（2）茶叶拼配技术要领：一大诀窍、两个看准、三个有数、四个掌握和五点注意。

【学习目标】

（1）掌握茶叶拼配的原则与要求。

（2）掌握茶叶拼配的步骤与方法。

一、基本知识

（一）拼配的目的与原则

1. 目的

根据成品茶的质量要求，选配不同的半成品，按照一定的比例进行拼配，使不同特点的筛号茶相互取长补短，显优隐次，调剂质量，提高产品质量，保证出厂产品合格及全年产品质量的相对稳定，并最大限度地发挥茶叶的经济价值，提高企业的经济效益。

2. 成品拼配两大原则

一是保证产品合格和保持质量相对稳定；二是要加强经济核算，严防走料，即防止高于标准出厂，造成浪费。

（二）成品拼配

成品拼配、匀堆与装箱是茶叶精制加工的最后一道作业。毛茶经过筛分、切轧、风选、拣剔、干燥等作业处理后，分出大小、长短、粗细、轻重不同的各筛号茶，称半成品。

成品拼配是根据各花色等级产品的质量要求，将各类半成品按一定比例合理拼配，组合成各花色等级的成品茶。匀堆是将拼配方案付诸实施，把需要拼配在一起的半成品均匀地混合。装箱是将匀堆后成品茶按照一定的要求包装出厂。

（三）拼配的要求

具体拼配的要求如表 10-7 所示。

表 10-7　拼配要求

序号	项目	要求
1	半成品原料的等级调剂	不同等级半成品拼配取长补短，调剂质量
2	半成品原料的季节调剂	春、夏、秋茶半成品合理拼配，保持成品茶质量一致
3	半成品原料的产区调剂	低山茶与高山茶拼配缩小质量差异
4	半成品原料的类别调剂	炒青与烘青等不同类别及不同品种的茶拼配
5	半成品路别调剂	各路同一级半成品拼配，缩小质量差异
6	半成品茶叶调剂	将风选后轻重不同的各类茶适当拼和，使质量适中，符合标准
7	半成品或成品的批次调剂	可在半成品拼配时或成品茶匀堆后进行批次之间的拼合

（四）拼配的技术要领

成品拼配是一项细致而又复杂的工作，技术性强。其技术要领归纳为五个方面：即一大诀窍、两个看准、三个有数、四个掌握和五点注意（见表 10-8）。

表 10-8　拼配的技术要领

序号	核心	内容
1	一大诀窍	“扬长避短、显优隐次、高低平衡。”“高低平衡”以标准样为依据，把质量低的调高，把质量高的调低，使各类半成品茶质量及成品茶八项因子高低达到平衡，保证产品质量相对稳定
2	两个看准	拼配必须对样，看准标准样（成品拼配依据，大多是陈茶，对其八项质量因子全面分析）和看准参考样（当年新茶样，加强色、香、味鉴评）
3	三个有数	对半成品的原料来源、质量情况、数量心中有数
4	四个掌握	掌握基准茶、调剂茶、拼带茶的质量关系和拼配比例；掌握各种质量缺陷的纠正技术（针对八项因子进行调剂）；掌握传统风格；掌握“以高带低”
5	五点注意	注意扦准成品小样；注意留有余地；注意及时扦取大样校对；注意快出成品，减少库压；注意口岸或商品检验部门的验收意见

（五）根据茶叶品质制订合适的拼配步骤（表 10-9）

表 10-9　合适拼配方案步骤

序号	步骤	主要操作
1	把盘与开汤	使各样茶按大小分层分布，观察各样茶大小及标准样各层茶比例，开汤了解各样茶特点
2	对比观察	对比观察标准样与各样茶的外形、汤色和叶底
3	初拼小样	先找出主拼原料及大致比例试拼小样，若找不出则按各号平均比例拼样，对比估计各层茶比例差异
4	调整比例再拼小样	调整各样茶比例，拼配 2～3 个小样
5	对比分析	对比分析外形，开汤观察内质，重点观察汤色和叶底，结合香气与滋味
6	改进比例再拼小样	改进比例拼配小样，估计各样茶比例
7	确定比例	确定拼配比例

（六）注意事项

（1）需要全面掌握精制原料的来源、产地、时间和数量及质量水平等相关内容；

（2）需要准确掌握标准和参考样的质量情况；

（3）熟悉各拼配步骤的操作技巧；

（4）充分发挥各原料价值。操作如图 10-3、10-4、10-5、10-6 所示。

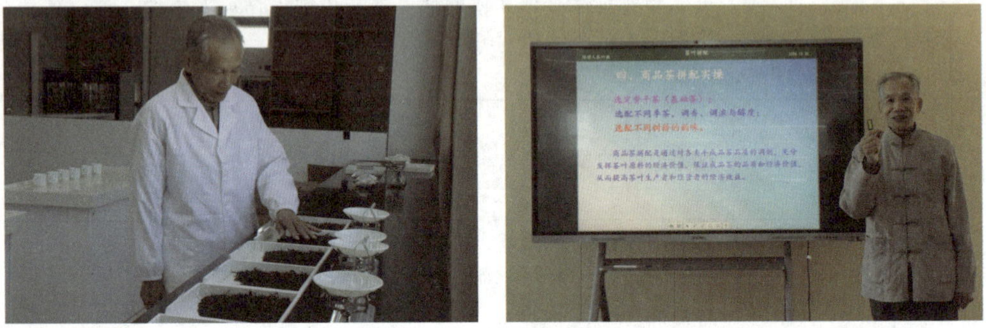

图 10-3　茶叶拼配实操

图 10-4　把盘与开汤

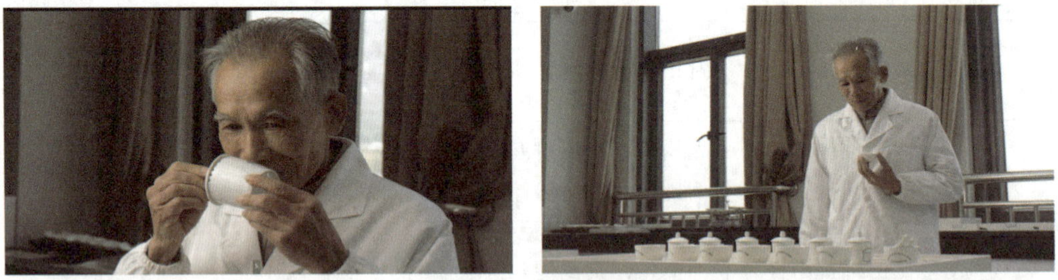

图 10-5　对比观察

图 10-6　初拼小样

图 10-7　对比分析改进

二、能力训练

(一) 训练条件

不同季节红茶茶样 5 个、鉴评室、鉴评配备用具。

(二) 训练目的

掌握不同季节红茶鉴评，确定各个茶叶的特点及优缺点，在教师指导下进行拼配操作，掌握茶叶拼配的流程和技巧。

(三) 要求形式

对不同季节红茶茶样进行鉴评，按照茶叶拼配单步骤进行操作，形成品质茶叶拼配报告单。

(四) 训练步骤

(1) 分组进行，其中 1 名成员担任组长，合理高效分工，完成实训任务。开展备具、烧水、取样等准备工作。

(2) 根据组内分工进行茶叶拼配工作，参照“拼配目的—标准样分析—茶原料鉴评—拼配步骤—最终方案确定—注意事项”等步骤，依次进行鉴评，并做茶叶拼配报告单记录工作。

(3) 各组组长牵头完成各项总结工作。

(4) 各项任务完成后，组内其他成员通过线上工具进行补充和评价，并各自完成整理和实训场所恢复工作。

表 10-10　茶叶拼配报告单

项目	内容	要求				
拼配目标	品质风格					
	目标客户					
	主要销售渠道					
标准样分析	外形描述	汤色	香气	滋味	叶底	整体描述

续表

<table>
<tr><th>项目</th><th>内容</th><th colspan="5">要求</th></tr>
<tr><td rowspan="12">茶原料鉴评</td><td rowspan="2">样品 1</td><td>名称</td><td>等级</td><td>产区、季节等</td><td>特点</td><td>预计比例</td></tr>
<tr><td></td><td></td><td></td><td></td><td></td></tr>
<tr><td rowspan="2">样品 2</td><td>名称</td><td>等级</td><td>产区、季节等</td><td>特点</td><td>预计比例</td></tr>
<tr><td></td><td></td><td></td><td></td><td></td></tr>
<tr><td rowspan="2">样品 3</td><td>名称</td><td>等级</td><td>产区、季节等</td><td>特点</td><td>预计比例</td></tr>
<tr><td></td><td></td><td></td><td></td><td></td></tr>
<tr><td rowspan="2">样品 4</td><td>名称</td><td>等级</td><td>产区、季节等</td><td>特点</td><td>预计比例</td></tr>
<tr><td></td><td></td><td></td><td></td><td></td></tr>
<tr><td rowspan="2">样品 5</td><td>名称</td><td>等级</td><td>产区、季节等</td><td>特点</td><td>预计比例</td></tr>
<tr><td></td><td></td><td></td><td></td><td></td></tr>
<tr><td rowspan="2">样品 6</td><td>名称</td><td>等级</td><td>产区、季节等</td><td>特点</td><td>预计比例</td></tr>
<tr><td></td><td></td><td></td><td></td><td></td></tr>
<tr><td rowspan="6">拼配步骤</td><td rowspan="6">初步尝试/
调整优化</td><td>小样 1
(比例)</td><td colspan="2"></td><td>小样 2
(比例)</td><td></td></tr>
<tr><td>对比
分析</td><td colspan="2"></td><td>对比
分析</td><td></td></tr>
<tr><td>小样 3
(比例)</td><td colspan="2"></td><td>小样 4
(比例)</td><td></td></tr>
<tr><td>对比
分析</td><td colspan="2"></td><td>对比
分析</td><td></td></tr>
<tr><td>小样 5
(比例)</td><td colspan="2"></td><td>小样 6
(比例)</td><td></td></tr>
<tr><td>对比
分析</td><td colspan="2"></td><td>对比
分析</td><td></td></tr>
<tr><td>最终方案确定</td><td>各原料实际比例</td><td colspan="5"></td></tr>
<tr><td rowspan="2">注意事项</td><td>成品茶预期特点</td><td>外形</td><td>汤色</td><td>香气</td><td>滋味</td><td>叶底</td></tr>
<tr><td></td><td></td><td></td><td></td><td></td><td></td></tr>
</table>

三、训练评价

表 10-11　训练评价表

序号	评价内容	自评 30%	组间互评 30%	教师评分 40%	实际得分
1	准备工作（20 分）				
2	鉴评工作（20 分）				
3	拼配工作（20 分）				
4	记录工作（30 分）				
5	恢复工作（10 分）				
合计					

四、应用情景

情景一

如果你是茶场的生产人员，作为茶场加工人员，当遇到茶园因气候异常导致品质下降时，为确保产品质量稳定，满足市场需求，保证每一杯茶都能让消费者品尝到优质的味道，现在需要你运用茶叶拼配的技术，以提高茶叶品质，以实际行动践行“绿水青山就是金山银山”的理念，为乡村振兴和产业发展添砖加瓦，请问你会怎么做？

情景二

如果你是茶叶调饮店的技术人员，为拓展市场，开拓消费人群，常常需要根据不同顾客口味需求做相关的产品调整，茶叶拼配相关技术在其中也起到至关重要的作用。比如，对喜欢浓郁口感的，用发酵程度高的茶拼配制作醇厚奶茶；为追求清新的，常以绿茶与花果搭配制作爽口饮品；同时为适应季节变化做茶品的调整，混合不同批次茶叶确保口感一致。为确保产品质量稳定，满足消费者需求，请问在茶叶调饮过程中你又该如何运用茶叶拼配知识进行产品调试？

五、问题情况

1. 茶叶拼配的目的和原则。

____

____

____

2. 茶叶拼配的要求。

3. 茶叶拼配的技术要领。

六、课后作业

1. 反复练习茶叶拼配步骤。
2. 课后进行武夷岩茶拼配练习。

课后笔记：

项目十一

常见训练项目

【知识目标】

（1）掌握审形辨茶、闻香识茶、品汤鉴茶和双杯找对操作及茶叶品质等级标准，明晰各环节专业知识。

（2）深知茶叶工艺与香气、滋味的联系，牢记不同茶外形特征分类知识。

【技能目标】

（1）熟练运用审形辨茶、闻香识茶、品汤鉴茶和双杯找对技能。

（2）掌握品汤及外形鉴评技巧进行精准鉴茶。

（3）通过实践，掌握香气辨别及综合鉴评实操技能。

【素养目标】

（1）养成严谨科学态度，提升茶叶品鉴观察力与判断力。

（2）塑造专注专业、善于分析的茶叶行业职业素养。

常见训练项目

任务一　审形辨茶

【核心概念】

（1）审形辨茶："审形"主要是对茶叶的外形进行观察和评判，"辨茶"则是综合运用鉴评方法对茶叶进行全面的辨别和判断。

（2）确定品质等级：通过观察茶叶的外形，包括条索的紧结度、匀整度、色泽等，可以初步判断茶叶的品质等级。

【学习目标】

（1）掌握茶叶外形鉴评的方法和技巧，提高对茶叶品质的鉴评能力。

（2）了解不同种类茶叶的外形特征，加深对茶叶分类和品质标准的理解。

（3）培养学生的观察能力、分析能力和判断能力，为今后从事茶叶相关工作奠定坚实的基础。

一、基本知识

（一）概念

在茶叶鉴评中，“审形辨茶”是一个重要的环节。主要是对茶叶的外形进行观察和评判，以初步判别其类别。包括茶叶的形状、大小、色泽、匀整度等方面。例如，观察茶叶是条索状、球状、片状还是其他形状；茶叶的大小是否均匀；色泽是嫩绿、墨绿、褐色还是其他颜色，色泽是否鲜亮有光泽；茶叶的匀整度如何，是否有破碎、残缺的叶片等。不同的茶叶品种、产地和制作工艺会呈现出不同的外形特征，通过审形可以初步判断茶叶的种类、品质等级以及制作工艺的优劣。“审形辨茶”需要鉴评人员具备丰富的茶叶知识和经验，能够准确地辨别出茶叶的品质特点和不足，为茶叶的品质评定和市场定位提供科学依据。

（二）作业与意义

1. 确定品质等级

通过观察茶叶的外形，包括条索的紧结度、匀整度、色泽等，可以初步判断茶叶的品质等级。例如，条索紧结、匀整、色泽乌润的茶叶往往品质较高，而条索松散、碎末多、色泽暗淡的茶叶品质相对较低。不同的茶叶品种和等级有其特定的外形特征，审形有助于准确区分不同等级的茶叶，为茶叶的定价和市场定位提供依据。

2. 判断加工工艺

茶叶的外形反映了其加工工艺的水平。如绿茶的条索形状可以反映杀青、揉捻等工艺的适度程度；红茶的条索紧结度和色泽可以反映发酵和烘焙工艺的好坏。“审形辨茶”可以帮助鉴评人员评估加工工艺的合理性和稳定性，及时发现加工过程中的问题，为改进工艺提供参考。

3. 识别茶叶品种

不同的茶叶品种具有独特的外形特征。例如，龙井茶扁平光滑，碧螺春卷曲如螺，铁观音颗粒紧结重实等。通过审形可以较为准确地识别茶叶的品种，避免品种混淆。对于一些名优茶来说，品种的纯正性至关重要，“审形辨茶”有助于确保茶叶的品种质量。

（三）操作步骤

1. 准备工作

（1）茶样准备：准备待鉴评的茶叶样品，确保样品具有代表性。

（2）器具准备：准备干净、无异味的鉴评台，以及标准的鉴评盘和鉴评杯等器具。

（3）环境要求：确保鉴评环境光线充足、安静、无异味。

2. 观察外形

（1）干茶色泽。将茶叶样品均匀地铺在白色鉴评盘上，在自然光线下观察茶叶的色泽。注意茶叶的颜色是否鲜艳、均匀，有无杂色。不同种类的茶叶有其特定的色泽特征，如绿茶一般为翠绿、黄绿或墨绿；红茶多为乌润或棕红；乌龙茶色泽青褐或砂绿等。

（2）形状。仔细观察茶叶的形状，包括条索的紧结程度、弯曲度、长短粗细等。例如，龙井茶的形状为扁平光滑；碧螺春为卷曲成螺；铁观音为颗粒状且紧结沉重等。

（3）匀整度。查看茶叶的大小是否均匀，碎片和杂质的多少。匀整度高的茶叶通常品质较好，而碎片多、杂质多的茶叶品质相对较低。

（4）净度。检查茶叶中是否含有非茶类物质，如茶梗、茶籽、杂草、砂石等。净度高的茶叶更符合高品质茶叶的要求。

二、记录与评价

（1）根据观察到的茶叶外形特征，进行包括色泽、形状、匀整度、净度等方面的识别。

（2）运用专业的鉴评术语对茶叶外形进行评价，如“条索紧结、色泽乌润、匀整、净”等。

（3）给出相应的分数、等级，以便对不同茶叶样品进行比较和筛选。

三、总结与交流

（1）对“审形辨茶”的结果进行总结，分析不同茶叶样品的外形特点和品质差异。

（2）与其他鉴评人员进行交流和讨论，分享“审形辨茶”的经验和心得，进一步提高鉴评水平。

四、能力训练

（一）训练条件

囊括六大茶类的不同茶叶样品 24 个，规范的鉴评室，同时配备 24 个茶样盘。

（二）训练目的

加强茶类、茶名、产地及外形品质特征的认知训练，掌握快速识别茶叶类别及茶名与对应的产地及外形品质特征要求的能力。

（三）要求形式

（1）对多款不同类型茶叶进行快速识别，能准确快捷地按顺序识别出茶样茶叶的茶类、茶名、茶叶外形品质，并进行准确的术语描述。

（2）在规定时间内填写答题卡，形成总结。

（四）训练步骤

（1）准备 30 个不同类别的茶叶（见表 11-1），用茶样盘分装，进行编号，分别为茶样 1 至茶样 24。

（2）提前准备好签牌，实训过程随机抽取其中 5 个茶样序号，或用信息化手段进行抽签，分组进行实训，组内成员依次进行。

（3）按顺序抽签完成，在规定时间内，依次进行“审形辨茶”实训，每个实训者用时 15min，完成答题卡的填写（见表 11-2），并做好相关记录工作。

（4）各组完成总结，从特征描述、术语总结等方面进行。

（5）实训结束后，组内其他成员通过线上工具进行补充和评价，并各自完成整理和实训场所恢复工作。

表 11-1　不同类型茶叶准备单（示例）

序号	茶样	序号	茶样
1	英红九号	16	西湖龙井
2	云南滇红	17	烘青绿茶
3	正山小种红茶	18	黄山毛峰
4	祁门红茶	19	英德绿茶
5	君山银针	20	客家炒绿
6	凤凰单丛	21	蒸青绿茶
7	武夷岩茶	22	白牡丹
8	铁观音	23	白毫银针
9	金萱颗粒乌龙茶	24	云南白月光
10	东方美人	25	黄金芽
11	包种茶	26	安吉白茶
12	普洱熟茶（散）	27	本山
13	六堡茶	28	毛蟹
14	茯砖茶	29	金尖
15	碧螺春	30	康砖

表 11-2　答题卡

茶样	样品____	样品____	样品____	样品____	样品____
茶类					
茶名					
外形品质					
茶样	样品____	样品____	样品____	样品____	样品____
茶类					
茶名					
外形品质					

表 11-3　答题卡评分明细

实训内容	分值分配	训练要点	评分标准
审形辨茶	100	能够在规定时间内对茶叶进行准确判断	（1）能准确快捷地按顺序识别出茶样 10 款茶叶的茶类及茶名，并对外形品质进行术语描述，全部正确为满分。 （2）茶类每错 1 个扣 3 分，共计 30 分，扣完为止。 （3）茶名每错 1 个扣 3 分，共计 30 分，扣完为止。 （4）每个样品外形品质（条索、色泽、匀整、净度）描述各 4 分，共计 40 分，扣完为止

五、训练评价

表 11-4　训练评价表

序号	评价内容	自评 30%	组间互评 30%	教师评分 40%	实际得分
1	准备工作（10 分）				
2	实训工作（20 分）				
3	答题卡得分（40 分）				
4	总结工作（20 分）				
5	恢复工作（10 分）				
合计					

六、应用情景

情景一

在茶叶加工过程中，不同的加工阶段会对茶叶的外形产生影响，通过“审形辨茶”，制茶师傅可以及时掌握加工进度，调整工艺参数，如果你是刚进茶叶生产企业的一名实习加工员，在揉捻环节，你将如何通过观察茶叶的条索形状，判断揉捻程度是否合适，以保证茶叶的外形美观，同时掌握其制成干茶后符合该茶类的外形品质特征？

情景二

在茶叶品鉴活动中，“审形辨茶”是重要的环节之一，专业品鉴通过观察茶叶的外形，初步判断茶叶的品质和类型，为后续的品鉴过程提供参考，同时，“审形辨茶”也可以让品鉴者更好地了解茶叶的制作工艺和特点，提升茶叶鉴评的乐趣，如果你是茶叶培训职业学院的助教，现在你需要为中级评茶员设计一节“审形辨茶”的课程，你会如何设计？

七、问题情况

1.“审形辨茶”的作用与意义。

____

____

____

2.“审形辨茶”的具体操作步骤。

____

____

____

八、课后作业

1. 收集不同种类的茶叶，如绿茶、红茶、乌龙茶、黑茶等，每种至少三个样本。仔细观察它们的外形，包括形状（如条索状、卷曲状、扁平状等）、色泽（如嫩绿、墨绿、乌润等）、匀整度等。制作一个表格，记录下每种茶叶的外形特征，并尝试根据外形初步判断茶叶的种类。

2. 学习茶叶外形鉴评的标准和方法，包括如何判断茶叶的嫩度、条索紧结度、匀整度等，并制作一份思维导图，总结“审形辨茶”的要点和流程。

课后笔记：

____

____

____

____

____

____

任务二　闻香识茶

【核心概念】

（1）闻香识茶：在茶叶鉴评中的“闻香识茶”是一种通过系统地训练嗅觉来辨别不同茶叶香气特征，从而准确地判断茶叶品质的实践活动。

（2）闻香识茶的作用与意义：提升鉴评准确性、深入了解茶叶特性、系统培养专业人才等。

【学习目标】

（1）提升对茶叶香气的敏锐感知力，准确辨别不同类型、强度、纯正度等香气特征。

（2）深入了解茶叶制作工艺与香气的关系，掌握茶香形成的规律。

一、基本知识

（一）概念

“闻香识茶”实训旨在让参与者掌握科学的闻香方法，熟悉各类茶叶常见的香气类型，如绿茶的清新鲜爽香气、红茶的浓郁甜香、乌龙茶的花果香等。通过对茶叶香气的细致辨别，能够分析出茶叶的品种、产地、加工工艺以及存储状况等信息。在实训过程中，参与者会接触不同等级、不同种类的茶叶，对比它们之间香气的差异，进而提升对茶叶品质的鉴别能力和鉴评水平，为茶叶的生产、采购、销售以及茶文化的传承与发展提供专业的技能支持。

（二）作用与意义

1. 提升鉴评准确性

（1）全面判断品质：香气是茶叶品质的重要组成部分。通过闻香，可以从一个关键维度对茶叶进行综合评判。结合外形、汤色、滋味和叶底等方面的鉴评，能更准确地确定茶叶的整体品质等级。

（2）辨别真伪优劣：不同种类的茶叶有其独特的香气特征，通过闻香实训，鉴评人员能够敏锐地辨别出茶叶的真伪以及品质的优劣。例如，正宗的名优茶往往具有独特而浓郁的香气，而劣质茶或假冒茶的香气则可能较为淡薄或不纯正。

2. 深入了解茶叶特性

（1）反映品种特点：特定的茶叶品种通常具有特定的香气成分，“闻香识茶”实训可以帮助鉴评人员熟悉不同品种茶叶的香气特点，从而更好地识别茶叶的品种来源。比如，龙井的豆香、碧螺春的花果香等，这些独特的香气是茶叶品种的重要标志。

（2）体现制作工艺：茶叶的制作工艺对香气的形成起着至关重要的作用。通过闻香，能够感知不同工艺环节对茶叶香气的影响。例如，发酵程度的不同会使红茶产生不同类型的果香、花香或蜜香；烘焙工艺则会赋予茶叶独特的火香或焦糖香等。

3. 系统培养专业人才

“闻香识茶”实训是培养专业茶叶鉴评人员的重要环节。通过系统的实训，能够提高鉴评人员的专业技能和素养，为茶叶行业培养出更多具有扎实专业知识和实践能力的人才，推动茶叶产业的持续发展。

（三）操作步骤

1. 准备工作

（1）茶叶准备：准备不同种类、不同等级的茶叶样品，确保样品具有代表性。

（2）茶具准备：准备专业的鉴评器具，如鉴评杯、鉴评碗、计时器、茶匙等。

（3）环境要求：确保鉴评环境安静、无异味，温度和湿度适宜。

2. 操作流程

（1）温杯。在茶叶鉴评的“闻香识茶”环节，首先进行温杯，用热水冲洗鉴评杯和鉴评碗，提高杯碗温度并去除异味，随后倒掉热水准备投茶。

（2）投茶。根据茶叶种类和等级，按规定投入茶叶用量，通常 3g，根据国标进行茶叶用量的确定，将茶叶样品放入鉴评杯中。

（3）摇香。接着进行摇香，轻轻摇动鉴评杯，让茶叶充分翻滚释放香气，摇香时间约 10s。

（4）干闻。之后进入闻香阶段，把鉴评杯靠近鼻子，在杯外吐气，然后轻轻吸气感受香气，注意呼吸节奏和深度以防头晕。

（5）冲泡。根据茶叶种类进行开汤冲泡，浸泡时间根据国标规定进行。

（6）滤汤。根据冲泡的顺序，在规定时间内依次出汤。

（7）闻香（热嗅→温嗅→冷嗅）。闻香分为热嗅、温嗅和冷嗅三个阶段：热嗅在茶叶冲泡后立即进行，辨别有无异味杂味及香气类型和强度；温嗅在冲泡后 30s 至 1min 左右，此时可辨别香气纯正度、持久性和层次感；冷嗅在冲泡后 3～5min 左右，主要辨别香气的持久性和余韵。

（8）记录与评价。根据闻香的结果，记录下茶叶的香气特征，如香气类型、强度、纯正度、持久性等；可以使用专业的茶叶鉴评术语进行描述，如清香、高香、花香、果香、蜜香等；对茶叶的香气进行评价，给出相应的分数或等级。

温杯→投茶→摇香→干闻→冲泡→滤汤→
闻香（热嗅、温嗅、冷嗅）→记录与评价

图 11-1 “闻香识茶”操作流程

（四）注意事项

（1）闻香时要保持专注和客观，避免受到外界因素的干扰。

（2）要注意闻香的顺序和方法，按照热嗅、温嗅和冷嗅的顺序进行，全面感受茶叶的香气变化。

（3）对于不同种类的茶叶，要根据其特点调整闻香的方法和重点。

（4）闻香后要及时清洗鉴评器具，避免残留的香气影响下一次鉴评。

图 11-2 “闻香识茶”

二、能力训练

（一）训练条件

提供 10 个不同香型的单丛茶样，确保茶样具有代表性，涵盖各种典型的单丛茶香型，如蜜兰香、黄枝香、芝兰香等；鉴评室保持安静、整洁、无异味，室内光线充足、均匀，避免阳光直射，温湿度适宜；鉴评杯、鉴评碗、计时器等鉴评用具齐全，鉴评用具 10 套。通过“闻香识茶”训练，提升茶叶鉴评技能与认知，掌握“闻香识茶”的操作方法。

（二）要求形式

（1）对不同香型单丛茶进行“闻香识茶”实训。

（2）形成报告总结香气特征及品质。

（三）训练步骤

（1）样品准备与编号，通过对样品进行编号，以单丛茶不同香型为例，分别进行茶样 1、2、3、4、5、6、7、8、9、10 编号，并填写茶样准备记录单，做好样品准备工作。

（2）分组进行，每组推荐 1 名组长负责组织协调，合理分工，完成实训。开展备具、烧水、取样等准备工作。

（3）根据组内分工进行“闻香识茶”实训，参照“温杯→投茶→摇香→干闻→冲泡→滤汤→闻香（热嗅、温嗅、冷嗅）→记录与评价”等步骤，依次进行鉴评，并做相关记录工作。同时采用盲猜的方式，在 10 个茶样中随机抽取 4 个茶样进行盲猜，锻炼训练者对香气判别的灵敏度。

（4）各组组长牵头完成各项总结，填写香气记录单。

（5）各项任务完成后，组内其他成员通过线上工具进行补充和评价，并各自完成整理和实训场所恢复工作。

表 11-5　茶样准备记录单

样品	茶名示例	茶样登记	备注
1	黄枝香		
2	芝兰香		
3	蜜兰香		
4	桂花香		
5	玉兰香		
6	姜花香		
7	夜来香		
8	茉莉香		
9	杏仁香		
10	肉桂香		

表 11-6　香气记录单

序号	茶样示例	香气特征示例	茶样	香气特征
1	黄枝香	有类似黄栀子花香，香气浓郁高长		
2	芝兰香	类似兰花香气，清高		
3	蜜兰香	带有番薯蜜味或蜜甜香味		
4	桂花香	具有桂花的芬芳香气		
5	玉兰香	如玉兰花香，清幽淡雅		
6	姜花香	有姜花的独特香气，高锐持久		
7	夜来香	类似夜来香花味，香气浓郁		
8	茉莉香	类似茉莉花的香气		
9	杏仁香	有杏仁的香味，韵味独特		
10	肉桂香	具有肉桂的香气特点，辛锐持久		

三、训练评价

表 11-7　训练评价表

序号	评价内容	自评 30%	组间互评 30%	教师评分 40%	实际得分
1	准备工作（10 分）				
2	实操工作（10 分）				
3	准确程度（40 分）				
4	记录工作（10 分）				
5	总结工作（20 分）				
6	恢复工作（10 分）				
合计					

四、应用情景

情景一

在茶叶贸易中，质量验收是确保交易公平、维护双方利益的关键环节，“闻香识茶”可以帮助采购商在收到货物后，对茶叶的香气品质进行快速检验，判断其是否与合同约定相符。如你是一家知名茶店的质检员，现在厂商将一批茶叶送达，请你用“闻香识茶”技巧对该茶叶做初步质量判断，你会怎么做？

情景二

在茶叶加工过程中，不同的加工阶段会产生不同的香气变化。通过“闻香识茶”，制茶师傅可以及时掌握茶叶的发酵程度、烘焙火候等关键环节，调整加工工艺，确保茶叶香气的最佳呈现，假如你是乌龙茶产区的一名炭焙学徒，现在炭焙师傅需要你根据香气判断某批茶叶是否需要进行复焙，以确保其品质稳定，你将如何运用“闻香识茶”技能完成这项任务？

五、问题情况

1. “闻香识茶”的作业与意义。

____

____

____

2. “闻香识茶”的具体操作步骤。

六、课后作业

1. 学习茶叶鉴评的相关标准和方法，掌握“闻香识茶”的技巧和要点，并绘制一份思维导图，总结茶叶鉴评中“闻香识茶”的流程和注意事项。

2. 尝试用不同的冲泡方法和器具冲泡同一种茶叶，观察茶叶香气的变化，并分析其原因，撰写一份实验报告。

课后笔记：

任务三　品汤鉴茶

【核心概念】

（1）通过品汤，可以直观地判断茶叶的滋味、香气、纯度等重要品质特征。

（2）通过品汤鉴茶，可以评估茶叶的口感及特征，进而达到识别品种，评判等级，同时可以及时发现质量问题。

【学习目标】

（1）能够掌握品汤鉴茶的步骤。

（2）能够通过实践掌握品汤鉴茶的技能。

一、基本知识

（一）作用与意义

茶汤是茶叶内质的综合体现。通过品汤，可以直观地判断茶叶的滋味、香气、纯度等重要品质特征。通过品汤识茶，可以评估茶叶的口感及特征，进而达到识别品种、评判等级，同时可以及时发现质量问题。

（二）操作流程（如图 11－3）

备具→冲泡→品鉴→记录→评分

图 11－3　操作流程

品汤鉴茶方式如图 11－4 所示。

图 11－4　品汤鉴茶

二、能力训练

（一）训练条件

不同茶类或年份的茶样 6 个，规范的鉴评室、每组配备 12 个以上杯子、柱形杯 2 套，1～2 个奉茶盘及其他相关用具。

（二）训练目的

通过茶汤的品鉴掌不同茶类，特别是具有地方特色的品种及新旧茶的识别及其各项品质特征。

（三）要求形式

（1）通过盲品的形式，依次对 6 款茶叶进行茶类、茶名、品种及年份的识别，由错开组别的记录人员进行记录。

（2）每组冲泡 1 个茶叶，依次进行，代表进行实训，实训完成后进行品质总结。

（四）训练步骤

（1）茶样准备，提前准备 6 款特色茶叶，依次进行编号，分别为茶样 1、2、3、4、5、6。

（2）分 6 组进行，组别进行编号，分别为组别 1、2、3、4、5、6。每组由 1 名成员担任组长，同时推荐 2 名代表和 2 名记录人员，其他成员为工作人员，合理分工，相关安排和参考人员安排示意图见图 11－5，高效地完成实训任务，并开展备具、烧水等准备工作，备具数量参考训练条件要求数量。

（3）根据组内分工进行“品汤鉴茶”实训，准备就绪后各组代表上台坐定，背向工作人员，分别由 1～6 组冲泡各自茶叶，代表需在规定时间内品出茶叶的茶类、茶名、品种、年份，每种茶用时不超过 3min，将答案告诉对应的记录人员，记录人员负责记录，依次进行鉴评，并做鉴评报告单记录工作。

（4）各组组长牵头完成各项总结，从特征描述等方面进行。

（5）各项任务完成后，组内其他成员通过线上工具进行补充和评价，并各自完成整理和实训场所恢复工作。

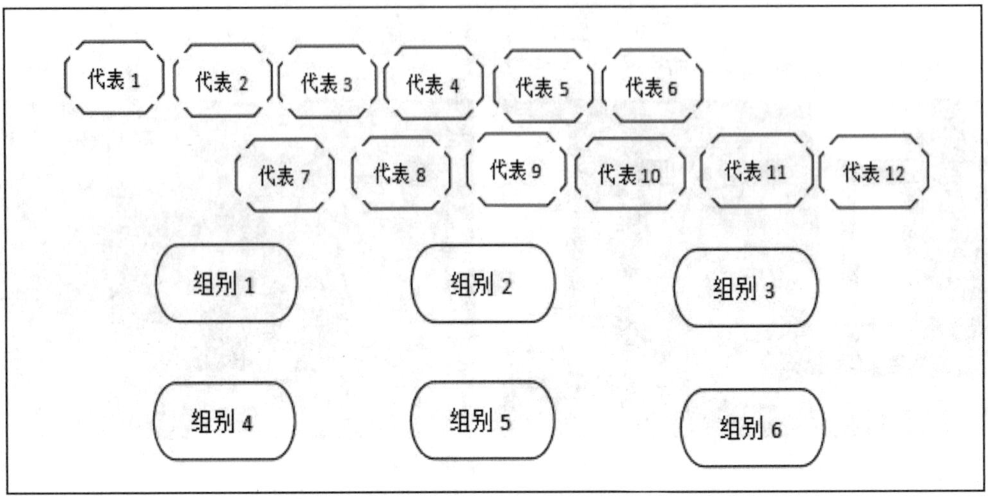

图 11-5　人员安排示意

表 11-8　答题卡

序号	茶类（3 分）	茶名（5 分）	品种（5 分）	年份（3 分）	总分
1					
2					
3					
4					
5					
6					
共计					
时间得分（4 分）					
总分			等级		

组别：　　　　　　　　　　　　　　　记录人员：

注意：本卷总分 100 分，茶类错误不得分；茶名酌情得分；品种错误不得分；年份相差 1 年扣 0.5 分，扣完为止；规定时间内完成得 4 分，误差 1min 扣 1 分，扣完为止。60 分以下为不及格，60～69 分为及格，70～89 分为良好，90 分以上为优秀。

三、训练评价

表 11-9　训练评价表

序号	评价内容	自评 30%	组间互评 30%	教师评分 40%	实际得分
1	准备工作（10 分）				
2	鉴茶得分（40 分）				
3	记录工作（10 分）				
4	总结工作（30 分）				
5	恢复工作（10 分）				
合计					

四、应用情景

情景一

品汤鉴茶在茶叶贸易过程中起到非常重要的作用，如果你是一家大型的茶叶品牌店的营销人员，店内品种繁多，客人提议要购买储存 10 年的黑茶，那你将如何运用品汤鉴茶技能，引导顾客品饮你们店内不同年份的茶品，以促成该笔交易？

情景二

品汤鉴茶在茶叶质量把控中同样起到非常重要的作用，如果你是当地一家茶叶生产企业的一名生产人员，正值春茶生产季，茶厂正在全力生产茶叶，你将如何运用你的品汤鉴茶技能以提升茶叶质量和保持品质的稳定？

五、问题情况

1. 品汤鉴茶的作用和意义。

____

____

____

2. 品汤鉴茶的具体步骤。

____

____

____

六、课后作业

1. 收集囊括六大茶类不少于20种不同种类的茶叶样本，仔细品汤，包括醇度、回甘程度、香气特征、地域特色等，制作一个表格，记录下每种茶叶的内质特征，并尝试根据滋味初步判断茶叶的种类和茶名。

2. 根据所收集的茶叶类型，通过学习茶叶鉴评的标准和方法，制作一份内质品质形成思维导图，总结品汤鉴茶的要点和流程。

课后笔记：

____

____

____

____

____

____

____

____

任务四　双杯找对

【核心概念】

（1）“双杯找对”通常是将同一样品的两份茶叶分别置于两个鉴评杯中，由鉴评人员分别对两杯茶进行独立鉴评。

（2）“双杯找对”训练的作用：提高鉴评准确性、确保品质一致性、提升鉴评人员水平。

【学习目标】

（1）通过训练，掌握“双杯找对”的具体操作步骤，提高茶叶鉴评的精准度。

（2）深入了解茶叶的品质特点和等级划分标准，为今后的茶叶选购、生产和销售等环节提供专业的指导。

一、基本知识

（一）概念

在茶叶鉴评中，“双杯找对”是一种较为科学的鉴评方法。“双杯找对”通常是将同一样品的两份茶叶分别置于两个鉴评杯中，由鉴评人员分别对两杯茶进行独立鉴评。通过对两杯茶的外形、汤色、香气、滋味和叶底等各个方面进行观察、分析和比较，以确定茶叶的品质特征和等级。

（二）作用与意义

1. 提高鉴评准确性

通过双杯鉴评，可以减少单一杯鉴评中的误差，提高鉴评结果的准确性。鉴评人员可以对两杯茶进行比较，更客观地判断茶叶的品质。

2. 确保品质一致性

在茶叶生产和采购过程中，“双杯找对”可以帮助确保同一批次茶叶的品质一致性。如果两杯茶的品质差异较大，说明茶叶的品质不稳定，需要进一步检查生产环节或调整采购策略。

3. 提高评茶人员水平

“双杯找对”评茶方法要求评茶人员更加细致、认真地观察和分析茶叶的各个方面，有助于提高评茶人员的专业水平和鉴评能力。

（三）具体步骤

1. 外形鉴评

观察两杯茶的形状、色泽、匀整度和净度等。比较茶叶的条索是否紧结、匀整，色泽是否鲜活、有无杂质等。

2. 汤色鉴评

观察两杯茶冲泡后的汤色。注意汤色的明亮度、色泽和清澈度。优质的茶叶汤色通常明亮、清澈，色泽纯正。

3. 香气鉴评

闻两杯茶的香气。辨别香气的类型、高低、纯异和持久性。好的茶叶香气清高、纯正、持久。

4. 滋味鉴评

品尝两杯茶的滋味。感受滋味的浓淡、醇厚度、回甘度和苦涩度等。滋味醇厚、回甘持久的茶叶品质较好。

5. 叶底鉴评

观察两杯茶冲泡后的叶底。查看叶底的色泽、匀整度和嫩度等。叶底柔软、匀整、色泽鲜亮的茶叶品质较高。

图 11-6 “双杯找对”操作

二、能力训练

（一）训练条件

提供一级、二级、三级等 3 个不同级别的滇红，以及专业的鉴评室和齐全的鉴评配备用具，鉴评用具每组 6 套以上。

（二）训练目的

旨在通过“双杯找对”方法，切实训练评茶人员的茶叶鉴评技能，使评茶人员熟练掌握茶叶鉴评中“双杯找对”的方法与技巧，提升其对茶叶品质的准确鉴别能力。

（三）要求形式

（1）对不同级别的茶叶进行“双杯找对”鉴评训练，严格按照步骤进行；

（2）形成详细报告并分组进行汇报。

（四）训练步骤

（1）茶样准备，选取不同级别一级、二级、三级的滇红，确保茶样具有一定的代表性和差异性。各称取一级茶样 2 个，二级茶样 2 个，三级茶样 2 个。每份茶样用量 3g。该方法在不同等级、不同茶类中均可使用。

（2）对 6 个茶样进行编号，以便在鉴评过程中准确记录和区分，茶样标号为茶样 1、2、3、4、5、6。

（3）分组进行，其中 1 名成员担任组长，合理高效分工，完成实训任务。开展备具、烧水、取样等准备工作。

（4）根据组内分工进行“双杯找对”训练工作，以用量 3g，冲泡 5min 的操作，统一对 6 个编号茶样进行开汤鉴评操作，参照“闻香气—看汤色—尝滋味—看叶底”步骤，依次进行“双杯找对”训练，要求在 30min 内完成品质特征、两两找对并排序，等级评定及总结该实训，并做好记录工作。

（5）组长负责汇总小组成员的记录，形成详细的鉴评报告。报告应包括茶样的基本信息、鉴评步骤、双杯对比结果、品质分析和总结等内容。

（6）各小组完成鉴评报告后，组内其他成员通过线上工具进行补充和评价，提出不同的观点和建议。小组成员根据补充评价的内容，对记录报告进行修改和完善。

（7）各项任务完成后，组内其他成员通过线上工具进行补充和评价，并各自完成整理工作，将鉴评用具清洗干净、归位，恢复实训场所的整洁有序。

表 11-10　“双杯找对”训练报告

<table>
<tr><td>项目</td><td colspan="6">内容</td></tr>
<tr><td rowspan="2">样品</td><td colspan="6">茶样</td></tr>
<tr><td>1</td><td>2</td><td>3</td><td>4</td><td>5</td><td>6</td></tr>
<tr><td>品质特征</td><td></td><td></td><td></td><td></td><td></td><td></td></tr>
<tr><td rowspan="2">答案</td><td>样品____</td><td rowspan="2">></td><td>样品____</td><td rowspan="2">></td><td colspan="2">样品____</td></tr>
<tr><td>样品____</td><td>样品____</td><td colspan="2">样品____</td></tr>
<tr><td>级别</td><td></td><td></td><td></td><td></td><td></td><td></td></tr>
<tr><td>总结</td><td colspan="6"></td></tr>
</table>

注：同时对样品 1、2、3、4、5、6 进行冲泡，根据实训填写好以上训练报告单。

三、训练评价

表 11-11　训练评价表

序号	评价内容	自评 30%	组间互评 30%	教师评分 40%	实际得分
1	茶样准备（5 分）				
2	茶样编号（5 分）				
3	准备工作（10 分）				
4	实训工作（30 分）				
5	记录工作（20 分）				
6	总结工作（20 分）				
7	恢复工作（10 分）				
合计					

四、应用情景

情景一

在收购茶叶原料时，生产商以严谨态度确保原料品质，可以采用“双杯找对”方法判断不同批次品质的一致性和稳定性，以确保收购的原料符合生产要求，如果你是该技术人员，你将如何开展该项工作？

情景二

在茶叶鉴评比赛、质量检测等专业活动中，“双杯找对”是一种常用的鉴评方法。它可以提高鉴评结果的准确性和公正性，为茶叶品质的评定提供科学依据。而对于科研人员而言，同样可以利用“双杯找对”的方法对不同品种、不同产地、不同加工工艺的茶叶进行对比研究，分析茶叶品质的差异及其影响因素，为茶叶品质的提升和创新提供理论支持。如果你是一名科研人员，现在需要你在茶叶鉴评比赛中设计一个“双杯找对”的比赛环节，你会如何科学地进行设计？

五、问题情况

1. “双杯找对”的作用与意义。

____

____

____

____

____

2. “双杯找对”的操作步骤。

____

____

____

____

____

六、课后作业

1. 选择两种不同的茶叶，如绿茶和红茶，运用“双杯找对”的方法进行鉴评，并记录下外形、香气、汤色、滋味和叶底等方面的差异。

2. 了解茶叶生产和贸易中的质量控制方法，思考“双杯找对”在其中的作用和改进方向。

课后笔记：

项目十二

综合运用

【知识目标】

（1）熟练鉴评课准备知识，如样本、器具、环境要点。

（2）掌握鉴评理论技能及各级评茶师培训知识体系。

【技能目标】

（1）流畅实操鉴评课准备流程与高效教学讲授。

（2）精准定制各级评茶师课程，善用技能评定产品。

【素养目标】

（1）秉持严谨细致作风，在课程各环节追求卓越。

（2）具备敏锐洞察及创新力，助力企业应对行业变化。

综合运用

任务一　能合理使用鉴评技能评定产品并进行定级定价

【核心概念】

（1）评定产品：对茶叶的外形、香气、滋味、汤色等多方面进行综合评价。

（2）定级定价：依据茶叶的品质特征，确定其等级并给出合理价格。

【学习目标】

（1）能够掌握茶叶鉴评技能在茶叶企业中的运用。

（2）能够运用茶叶鉴评的技能给各企业产品进行评定产品和定级定价。

一、基本知识

（一）建立专业的鉴评团队

1. 选拔专业人员

从企业内部挑选具有相关产品知识、丰富经验和敏锐观察力的员工，组成鉴评小组。例如，如果是食品企业，可以选拔有食品科学背景、熟悉生产工艺且有品鉴经验的人员，也可以从外部聘请专业的评茶师，要求具有广泛的行业经验和相应的职业技能等级证书，能够为产品评定带来更高的权威性。

2. 培训与提升

为团队提供定期的培训，包括产品知识更新、评茶标准和方法的学习、感官评价技术的提升等。例如，邀请行业专家进行讲座和实际操作指导，或通过专业的评茶培训课程进行系统提升。组织内部交流活动，让团队成员分享经验和见解，共同提高评茶水平。

（二）制定企业评茶标准

1. 确定产品特性

从外形、香气、滋味等方面分析产品的关键特性，不同类型的产品其特性可能会有所不同，六大茶类及其他茶类的特性侧重点各不相同，可参考各茶类权数进行判定，根据产品特性，确定具体的鉴评指标。

2. 设定等级标准

根据产品特性和市场需求，设定不同的等级标准。等级可以分为高、中、低三个级别，或者更详细的一级、二级、三级、四级等多个级别。每个级别都应有明确的定义和描述，以便评茶人员能够准确地进行评定。

确定每个等级的价格区间，这需要考虑成本、市场竞争、品牌定位等因素。如高端产品可以制定较高的价格，以体现其品质和独特性；而中低端产品则可以根据成本和市场需求，制定更具竞争力的价格，各茶类价格区间差别较大。

（三）规范鉴评流程

1. 样品准备

确保评茶样品具有代表性，可以从生产批次中随机抽取一定数量的样品，或者根据特定的要求进行筛选。对样品进行编号，以避免评茶人员受到品牌、包装等因素而影响评茶结果。同时，提供必要的样品信息，如产品名称、规格、生产日期等，但不要透露品牌和价格等可能影响鉴评结果的信息。

2. 鉴评环境

创造适宜的评茶环境，确保安静、整洁、无异味。可设置专门的评茶室，配备合适的照明、温度和湿度控制设备。提供统一的评茶工具和设备，如柱形杯、鉴评碗等，以保证鉴评的准确性和一致性。

3. 鉴评方法

采用科学的评茶方法，如感官评价、仪器分析等。感官评价可以包括视觉、嗅觉、味觉、触觉等方面的评价；仪器分析则可以用于测量产品的物理、化学性质等。评茶人员通过既定的流程和标准进行评价，记录每个指标的得分或等级。可以采用百分制评茶法或七档制评茶法等等级评定法，确保评价结果的客观性和可重复性。

4. 结果统计与分析

收集评茶人员的评价结果，进行统计分析。可以计算平均分、标准差等统计指标，以了解评价结果的一致性和可靠性。对于有争议的评价结果，可以进行讨论和重新评价，以确保最终的评定结果准确合理。

（四）定期审核与调整

1. 审核鉴评结果

定期对评茶结果进行审核，检查是否符合产品的实际情况和市场需求。可以通过与客户反馈、市场销售数据等进行对比，发现问题并及时调整。对评茶团队的工作进行评估，包括评价的准确性、一致性、效率等方面。根据评估结果，给予奖励或提出改进建议，以提高团队的工作质量和效率。

2. 调整鉴评标准和价格

随着市场变化、技术进步和产品升级，及时调整评茶标准和价格。如市场上出现了新的竞争对手或产品创新，可通过重新评估产品的等级和价格定位，同时需关注行业动态和消费者需求的变化，不断优化评茶方法和流程，以适应市场的发展。

总之，在企业中合理使用鉴评技能评定产品、定级定价需要建立专业的团队、制定明确的标准、规范评茶流程，并定期进行审核和调整。通过科学、客观的评茶方法，可以为企业提供准确的产品质量信息，制定合理的价格策略，提高产品的市场竞争力。

二、能力训练

（一）训练条件

不同茶类或等级茶样5个、鉴评室、鉴评配备用具。

（二）训练目的

掌握不同茶类或等级茶叶的综合评定方法及定价方法。

（三）要求形式

（1）对不同茶类或等级茶样进行鉴评，进行综合评定；

（2）对不同茶类或等级茶样进行合理的定价。

（四）训练步骤

（1）分组进行，其中1名成员担任组长，合理高效分工，完成实训任务。

（2）根据组内分工进行“不同茶类或等级茶叶定价”的鉴评工作，参照“评外形—闻香气—看汤色—尝滋味—看叶底”步骤，依次进行综合评定，并进行合理定价。

（3）教师公布真实定价，各组计算偏差值，各组完成定价规律及技巧总结。

（4）各项任务完成后，组内其他成员通过线上工具进行补充和评价，并各自完成整理和实训场所恢复工作。

表 12-1　不同茶类或等级茶叶定价表

样品	综合评价		定级	初步定价（A）	真实定价（B）	偏差值（|A−B|）
	外形	内质				
1						
2						
3						
4						
5						
总结						

三、训练评价

表 12-2　训练评价表

序号	评价内容	自评 30%	组间互评 30%	教师评分 40%	实际得分
1	准备工作（10 分）				
2	综合评价（30 分）				
3	定价情况（30 分）				
4	总结工作（20 分）				
5	恢复工作（10 分）				
合计					

四、应用情景

情景一

现在有款库存 1t 的普洱熟茶，据悉该茶品是 2017 年的茶品，现在你在该企业的茶叶品控部门，公司现在需要对这批茶进行处理，请你根据实际情况给出处理意见并做产品定价，你会怎么做？

情景二

假如你入职了一家茶馆，现在供货商为茶馆提供了 3 款西湖龙井样品，请你根据所学知识，为茶馆选购一批品质好、质量高、价格优的西湖龙井，请问你会如何做？

五、问题情况

1. 企业该如何合理地使用鉴评技能评定产品及定级定价。

____

____

____

2. 在茶叶定价过程中如何进行定期审核与调整？

____

____

____

六、课后作业

1. 选择一家茶叶企业，分析其不同茶产品的定价策略与鉴评标准的关联。
2. 对比不同企业类似茶产品的定级定价，总结鉴评技能在其中的作用差异。

课后笔记：

____

____

____

____

任务二　能完成茶叶鉴评培训的教学计划撰写

【核心概念】

（1）教学计划：根据教育目的和培养目标制定课程设置、教学进程等方面的总体规划。

（2）茶叶鉴评培训：教授茶叶品质鉴别技能及相关知识，提升学员对茶叶的认知与品鉴能力的教学活动。

【学习目标】

（1）能够掌握培训的目标及操作过程。

（2）能够制定五、四、三级评茶师的培训课程。

一、基本知识

（一）培训目标

通过系统的茶叶鉴评培训，使学员掌握茶叶的基本知识、评茶方法和技巧，能够准确鉴别不同种类、等级的茶叶，并为茶叶的定级定价提供专业依据。

（二）培训对象

茶叶爱好者、茶叶行业从业人员、相关企业员工及相关专业学生等。

（三）培训时间

培训时间根据级别的不同，如初级、中级、高级评茶师，其课程时长略有不同，在社会评价机构及相关职业技能等级认定机构中，一般线下培训时长为4～7天不等，线上培训一般设置为基本知识培训。

（四）培训内容

1. 基本要求

表12-3　培训内容基本要求

章节	内容	具体描述
职业道德	职业道德基本知识	（1）职业守则包括忠于职守，爱岗敬业； （2）科学严谨，客观公正； （3）注重调查，实事求是； （4）团结协作，不断进取； （5）遵纪守法，讲究公德
基础知识	茶叶产区、分类及品质特征	（1）茶叶产区分布； （2）茶叶分类及各茶类基本加工工艺流程； （3）各茶类不同品质特征形成的关键加工工序
	茶叶感官鉴评基础知识	（1）茶叶感官鉴评室的环境要求； （2）茶叶感官鉴评设施和器具的规格要求； （3）茶叶感官鉴评人员生理基本要求； （4）茶叶实物标准样的定义及等级的设置； （5）不同茶类鉴评方法
	茶叶感官鉴评技术知识	评茶基本功： （1）分样、摇盘、收盘； （2）扦样、开汤； （3）双杯找对； （4）评茶术语的应用。 茶叶等级、品质的判定： （1）对样评茶知识； （2）茶叶等级的判定； （3）茶叶品质优劣的判定
	茶叶标准知识及茶叶包装标识的基本知识	（1）茶叶产品标准及检验方法标准的相关知识； （2）茶叶质量的国家强制性标准的相关知识

续表

章节	内容	具体描述
基础知识	称量器具使用的基本知识	(1) 天平的使用; (2) 其他称量器具的使用
	安全知识	(1) 实验室安全操作规范; (2) 安全用电规范; (3) 防火防爆操作规范与安全知识
	有关法律法规知识	(1)《中华人民共和国劳动法》相关知识; (2)《中华人民共和国劳动合同法》相关知识; (3) 《中华人民共和国消费者权益保护法》相关知识; (4)《中华人民共和国标准化法》相关知识; (5)《中华人民共和国产品质量法》相关知识; (6)《中华人民共和国商标法》相关知识; (7)《中华人民共和国知识产权法》相关知识; (8)《中华人民共和国食品安全法》相关知识

2. 技能要求

对五级/初级工、四级/中级工、三级/高级工技能要求和相关知识要求依次递进，高级别涵盖低级别的要求。

表 12-4 五级/初级评茶师职业技能要求

职业功能	工作内容	技能要求	相关知识要求
1. 样品管理	1.1 样品信息采集	1.1.1 能做好样品规格、茶叶品类、数量等信息登记 1.1.2 能按照统一格式对样品进行编号 1.1.3 能根据无包装样品的外观、色泽等初步判别茶类	1.1.1 茶叶包装标识知识 1.1.2 茶叶分类知识
	1.2 样品归类存放及标准的选择	1.2.1 能根据样品的包装标识确定所属的基本茶类 1.2.2 能按照样品所属的基本茶类选择适用的文字标准及实物标准样 1.2.3 能按不同的茶类选择相应的存放环境	1.2.1 中国茶叶标准知识 1.2.2 茶叶贮存保质知识

续表

职业功能	工作内容	技能要求	相关知识要求
2. 茶叶感官审评准备	2.1 茶叶感官审评设施、用具准备	2.1.1 能按茶叶感官审评要求清洁审评室 2.1.2 能按茶叶感官审评要求准备设施 2.1.3 能准备茶叶感官审评器具，并按顺序编号 2.1.4 能根据安全用电和实验室防火防爆要求检查审评室	2.1.1 茶叶感官审评室环境的要求 2.1.2 干评台、湿评台、茶具的规格要求 2.1.3 安全用电和安全操作规程
	2.2 相关标准准备	2.2.1 能根据茶样选择相应产品的文字标准（企业标准） 2.2.2 根据产品标准准备实物标准样或实物参考样	2.2.1 实物标准样的定义 2.2.2 实物标准样设置等级依据
3. 感官品质评定	3.1 分样	3.1.1 能用四分法缩分茶样至所需数量 3.1.2 将缩分茶样进行编码并置于评茶盘中	3.1.1 分样程序 3.1.2 分样方法

表 12-5　四级/中级评茶师职业技能要求

职业功能	工作内容	技能要求	相关知识要求
1. 样品管理	1.1 取样	1.1.1 能按茶叶取样的操作规程，从大堆样中扦取具有代表性的试样 1.1.2 能根据茶样外形特征判定所用标准是否适当	1.1.1 茶取样标准知识 1.1.2 各茶类产品检验知识
	1.2 包装分析	1.2.1 能分析茶样包装标签是否符合食品标签标准要求 1.2.2 能提出茶叶包装改进的建议	1.2.1 预包装食品标签标准知识 1.2.2 茶叶包装材料与茶叶品质保持的知识
2. 茶叶感官审评准备	2.1 茶叶感官审评设施、用具准备	2.1.1 能根据天气变化做好审评室内光照、温湿度的调节，使其符合茶叶审评要求 2.1.2 能做好茶叶感官审评设施的维护、保养工作	2.1.1 茶叶感官审评室内光照、温湿度的要求 2.1.2 茶叶感官审评设施的维护、保养知识
	2.2 标准样准备	2.2.1 能根据相关茶类准备相应的文字标准（企业、国家、行业或地方标准） 2.2.2 能准备相应的实物标准样或参考样（企业、国家、行业或地方标准）	2.2.1 不同茶类的国家标准、企业标准、行业或地方标准的知识 2.2.2 不同茶类实物标准样或参考样总体品质水平的设置知识

续表

职业功能	工作内容	技能要求	相关知识要求
3. 感官品质评定	3.1 分样	3.1.1 能根据不同茶类选择相应的分样方法 3.1.2 能按照操作规程准确均匀缩分茶样	3.1.1 不同茶类的分样方法及操作规程知识
	3.2 干看外形	3.2.1 能评定六大茶类中某一大茶类的初制茶、精制茶及再加工茶外形各因子及不同级别的品质特征 3.2.2 能分析该茶类外形各因子品质不足之处	3.2.1 不同茶类的初制茶、精制加工工艺知识 3.2.2 不同茶类不同级别的外形各因子品质特征知识
	3.3 湿评内质	3.3.1 能评定六大茶类中某一大茶类的初制茶、精制茶及再加工茶内质各因子 3.3.2 能辨别不同级别的香气类型、高低、浓淡和纯异 3.3.3 能辨别不同级别的滋味浓淡、强弱、鲜陈 3.3.4 能辨别不同级别的叶底特征	3.3.1 不同茶类不同级别的内质各因子品质特征知识
	3.4 品质记录	3.4.1 能使用相关茶类的感官审评术语描述该茶类不同级别的外形、内质各因子的品质特征 3.4.2 能对照实物标准样或成交样，按相关茶类品质评分要求对外形内质各因子进行评分	3.4.1 等级评语的运用知识 3.4.2 等级评分方法
4. 综合评定	4.1 记录汇总	4.1.1 能根据适用的文字标准，对照品质记录表，对各品质因子情况进行汇总分析 4.1.2 能根据外形、内质各因子的品质评分情况，按该茶类各因子的权数比例计算总分	4.1.1 对样评语的运用知识 4.1.2 不同茶类品质因子权数分配知识
	4.2 结果计算及判定	4.2.1 能对照实物标准样对六大茶类中某一大茶类的初制茶、精制茶及再加工茶进行定级 4.2.2 能根据总分判定相关茶类各品质因子与标准的差距	4.2.1 不同茶类精制茶、再加工茶的种类与名称知识 4.2.2 对样评分方法

表 12-6 三级/高级评茶师职业技能要求

职业功能	工作内容	技能要求	相关知识要求
1. 样品管理	1.1 分类、保管	1.1.1 能指导五级/初级工、四级/中级工分清茶样类别，确定所用标准是否合理 1.1.2 能根据茶类的不同特性保管好样品	1.1.1 茶叶陈化变质的原理 1.1.2 茶叶储存保鲜的方法
	1.2 包装分析	1.2.1 能指导五级/初级工、四级/中级工对茶叶包装进行深入分析 1.2.2 能对茶叶包装不足之处提出指导性的改进意见	1.2.1 茶叶品质检验项目知识 1.2.2 限制商品过度包装知识
2. 茶叶感官审评准备	2.1 茶叶感官审评环境、设施的准备	2.1.1 能根据气候变化、人体状态做好审评室内色调、采光、噪声、温湿度等各项指标的调节和控制 2.1.2 能指导五级/初级工、四级/中级工做好茶叶审评设施、器具的准备和保养工作	2.1.1 茶叶感官审评室基本条件的标准 2.1.2 人体状态与感官灵敏度的相关性知识
	2.2 标准样准备	2.2.1 能根据相关茶类的生产加工情况和市场销售质量水平选留实物参考样 2.2.2 能根据相应的文字标准或实物标准样确定相应级别实物参考样	2.2.1 不同茶类市场参考样的选取知识 2.2.2 市场调研知识
3. 感官品质评定	3.1 干看外形	3.1.1 能评定六大茶类中三大茶类的初制茶、精制茶及再加工茶的外形各因子及不同级别的品质特征 3.1.2 能找出相关茶类外形各因子中存在的品质弊病	3.1.1 大宗茶与名优茶的形态异同知识 3.1.2 相关茶类的再加工茶加工工艺知识
	3.2 湿评内质	3.2.1 能按照内质审评操作要领在相同的条件下进行不同个体样品的内质评定，减少误差 3.2.2 能评定六大茶类中三大茶类的初制茶、精制茶及再加工茶内质各因子及不同级别的品质特征 3.2.3 能找出相关茶类内质各因子中存在的品质弊病	3.2.1 茶叶内质审评中误差的控制知识 3.2.2 大宗茶与名优茶的内质异同知识
	3.3 品质记录	3.3.1 能使用茶叶感官审评术语描述六大茶类中三大茶类的初制茶、精制茶及再加工茶的品质情况及存在的品质弊病 3.3.2 能按不同茶类审评方法的差异设计品质记录表	3.3.1 茶叶感官审评术语标准知识 3.3.2 茶叶外形、内质各因子之间的相互关系知识

续表

职业功能	工作内容	技能要求	相关知识要求
4. 综合评定	4.1 记录汇总	4.1.1 能综合评定六大茶类中三大茶类的初制茶、精制茶及再加工茶外形、内质各因子 4.1.2 能评定六大茶类中三大茶类的初制茶、精制茶及再加工茶与实物标准样之间的差距，并对各因子分别进行评比计分	4.1.1 精制茶及再加工茶等级的设置原则及评定
	4.2 结果计算及判定	4.2.1 能对照实物标准样对六大茶类中三大茶类的初制茶、精制茶及再加工茶进行定级，误差不超过正负 1/2 个级 4.2.2 能按七档制法对精制茶各因子评比、计分，并按总分判定其高于或低于实物标准样或成交样，误差在正负 3 分（含）以内	4.2.1 精制茶及再加工茶等级判定知识

3. 线下实操相关内容

（1）茶叶鉴评技能：提供不同种类、等级的茶叶样品，让学员进行实际鉴评练习。

（2）指导学员填写鉴评报告：记录茶叶的外形、汤色、香气、滋味、叶底等特征，并给出等级评定和价格建议。

（3）茶园参观与实地鉴评：组织学员参观茶园，了解茶叶的种植和生长环境。

（4）茶叶加工车间参观：带领学员参观茶叶加工车间，了解茶叶的生产流程和工艺。观察不同加工环节对茶叶品质的影响，加深对茶叶鉴评的理解。

（5）茶叶市场调研：安排学员到茶叶市场进行调研，了解市场上各类茶叶的价格和销售情况，与茶叶经销商和消费者交流，获取市场反馈和需求信息。

（五）培训方法

（1）课堂讲授：采用多媒体教学手段，结合图片、视频等资料，生动形象地讲解茶叶知识和鉴评方法。

（2）实践操作：通过茶叶样品鉴评、茶园参观、加工车间参观等实践活动，让学员亲身体验茶叶鉴评的过程。

（3）案例分析：选取典型的茶叶鉴评案例，进行深入分析和讨论，提高学员的实际应用能力。

（4）小组讨论：组织学员进行小组讨论，分享各自的经验和见解，促进学员之间的交流与合作。

（六）考核方式

（1）理论考试：考查学员对茶叶知识和鉴评方法的掌握程度，采用闭卷考试的方式。

（2）实践考核：要求学员对给定的茶叶样品进行鉴评，并撰写鉴评报告，考查学员的实际操作能力和分析判断能力。

(3) 平时表现：根据学员的课堂参与度、小组讨论表现、作业完成情况等进行综合评定。

(七) 线下课程安排参考

表 12-7　评茶师职业技能等级认定线下课程安排表（参考）

评茶师（五级/初级工）		
	时间	课程名称
第一天	08：30 —11：30	中国茶叶产销概括、茶树植物学特性
	14：00 —17：00	茶叶感官审评基础
第二天	08：30 —11：30	六大茶类加工工艺、茶与健康
	14：00 —17：00	茶叶审评术语与运用
第三天	08：30 —11：30	绿茶审评实训专题
	14：00 —17：00	红茶审评实训专题
第四天	08：30 —11：30	乌龙茶审评实训专题
	14：00 —17：00	茶叶感官综合审评，模拟考试
评茶师（四级/中级工）		
	时间	课程名称
第一天	08：30 —11：30	中国茶叶产销概况、茶树植物学特性
	14：00 —17：00	茶叶感官审评基础
第二天	08：30 —11：30	六大茶类加工工艺、茶与健康
	14：00 —17：00	茶叶审评术语与运用
第三天	08：30 —11：30	茶叶标准、茶叶审评术语运用与评分
	14：00 —17：00	对样评茶方法与运用
第四天	08：30 —11：30	绿茶审评实训专题
	14：00 —17：00	红茶审评实训专题
第五天	08：30 —11：30	乌龙茶审评实训专题
	14：00 —17：00	茶叶感官综合审评，模拟考试
评茶师（三级/高级工）		
	时间	课程名称
第一天	08：30 —11：30	六大茶类加工工艺
	14：00 —17：00	六大茶类感官审评实操
第二天	08：30 —11：30	茶叶品质的形成
	14：00 —17：00	广东特色绿茶、乌龙茶审评
第三天	08：30 —11：30	茶叶标准、茶叶审评术语运用与评分
	14：00 —17：00	对样评茶方法与运用
第四天	08：30 —11：30	绿茶审评实训专题
	14：00 —17：00	红茶审评实训专题
第五天	08：30 —11：30	乌龙茶审评实训专题
	14：00 —17：00	黑茶、白茶审评实训专题
第六天	08：30 —11：30	茶叶感官综合审评
	14：00—17：00	评茶技巧训练、模拟考试

二、能力训练

（一）训练条件

多媒体课室

（二）训练目的

掌握不同等级评茶师课程的安排及开课计划。

（三）要求形式

（1）根据以上理论和技能要求，制定高级评茶师课程。

（2）课程安排要求合理规范，理论与实践相结合，循序渐进。

（四）训练步骤

（1）分组进行，其中1名成员担任组长，合理高效分工，完成实训任务。

（2）根据组内分工进行“高级评茶师课程制定”工作，并做记录工作。

（3）各组组长牵头完成总结，概括课程安排的注意事项。

（4）各项任务完成后，通过线上工具进行补充和评价。

表12-8 高级评茶师课程制定表

天数		课程名称	教学内容	备注
1	上午			
	下午			
2	上午			
	下午			
3	上午			
	下午			
4	上午			
	下午			
5	上午			
	下午			
6	上午			
	下午			
7	上午			
	下午			
注意事项				

三、训练评价

表 12-9　训练评价表

序号	评价内容	自评 30%	组间互评 30%	教师评分 40%	实际得分
1	团队工作（20 分）				
2	课程安排（20 分）				
3	记录工作（30 分）				
4	总结工作（30 分）				
合计					

四、应用情景

情景一

你在一家茶叶培训机构上班，有一批茶叶一线工作者想要学习中级评茶师，并通过学习准备考中级评茶师职业技能等级证书，如果由你来安排该班的课程，你会怎么设计？

情景二

你在大型茶叶企业培训部担任培训教师，现在公司针对刚刚入职的员工开展茶叶培训，请问你将如何开展这项工作？

五、问题情况

1. 如何快速高效地安排评茶师课程？

2. 培训的方法有哪些？

六、课后作业

1. 根据以上中级评茶师培训内容，做出该培训班的经费预算。

2. 研究茶叶行业培训的发展趋势，结合自己的专业知识，提出对未来茶叶产业培训发展的展望和建议。

课后笔记：

任务三 能够完成茶叶鉴评课程培训操作及评估

【核心概念】

（1）课程培训：为实现特定目标，有组织地进行知识、技能、理念等方面的教学活动。

（2）课程评估：包括教学内容、师资水平、教学方法、学习效果等方面，以确定其质量与价值，为改进培训和选择优质课程提供依据，促进课程培训不断优化提升。

【学习目标】

（1）能够熟悉掌握茶叶鉴评课程的相关准备工作。

（2）能够掌握茶叶鉴评课程的理论和技能教授。

一、基本知识

（一）培训准备

1. 场地布置

（1）选择一个宽敞、明亮、通风良好的教室或评茶室。一般建议鉴评室面积不小于 $10m^2$，采光以自然光为主，宜坐南朝北，北向开窗（人造光源采光的除外），室内色调应选择中性色，以白色、浅灰色及灰色为主。

（2）准备足够数量的评茶桌椅，确保每位学员都有舒适的评茶空间。一般建议选用干评台（台面黑色亚光）、湿评台（台面白色亚光）。

（3）在评茶桌上准备好所需的器具，如柱形鉴评杯（150mL 或 250mL）和盖碗（110mL）及与之相匹配的鉴评碗、分样盘、评茶盘、叶底盘、称量用具、计时器等用具。

2. 茶叶样品准备

（1）准备不同种类、不同等级的茶叶样品，包括绿茶、红茶、乌龙茶、白茶、黑茶等。

（2）确保茶叶样品的新鲜度和质量，最好是近期生产的茶叶。

（3）将茶叶样品进行编号。

3. 教学资料准备

（1）准备茶叶鉴评的相关教学资料，如茶叶分类图表、评茶教材、评茶标准手册、记录表等。

（2）准备相应专题的 PPT 课件，用于理论知识的讲解。

（二）培训流程

1. 理论知识讲解

（1）介绍茶叶的起源、发展、分类、制作工艺等基础知识。

（2）讲解茶叶鉴评的目的、意义和方法，包括外形、香气、汤色、滋味、叶底五个方面的评茶要点。

（3）展示不同种类茶叶的特点和鉴别方法，可通过图片、视频等形式进行介绍。

2. 评茶器具介绍

（1）介绍评茶所需的器具，如鉴评杯、鉴评碗、汤匙、计时器等的用途和使用方法。

（2）强调评茶器具的清洁及保养方法，确保评茶结果的准确性。

3. 鉴评方法演示

（1）教师亲自演示茶叶品鉴的全过程，包括取茶、冲泡、闻香、品鉴到记录结果各关键技术环节，并进行逐一讲解。

（2）在演示过程中，详细讲解每个步骤的注意事项和技巧，如冲泡水温、时间、茶叶用量等。

4. 学员实践操作

（1）将学员分成小组，每组发放不同的茶叶样品和品鉴器具。

（2）学员按照教师演示的方法进行评茶实训，记录鉴评结果，并在小组内进行讨论和交流。

（3）教师巡回指导，解答学员在品鉴过程中遇到的问题。

5. 结果分享与讨论

（1）每个小组选派代表分享本小组的鉴评结果和心得体会。

（2）教师对各小组的评茶结果进行点评和分析，指出其中的优点和不足。

（3）组织学员就茶叶鉴评中的难点问题进行讨论，共同探讨解决方法。

6. 总结与回顾

（1）教师对本次培训进行总结，回顾茶叶鉴评的重点内容和方法。

（2）鼓励学员在今后的工作和生活中不断实践和提高茶叶鉴评能力。

（三）培训后续工作

1. 作业布置

要求学员在培训结束后，自行选择几种不同的茶叶进行鉴评，并撰写评茶报告，报告应包括茶叶的外形、香气、汤色、滋味、叶底等方面的描述，以及对茶叶等级和价格的评估。

2. 答疑与交流

建立培训交流群，学员可以在其中提问和交流茶叶鉴评的相关问题，教师定期在群里解答学员的疑问，分享茶叶鉴评的最新资讯和经验。

3. 培训效果评估

通过问卷调查、考试等方式，了解学员对培训内容的掌握程度和满意度，根据评估结果，总结经验教训，不断改进和完善茶叶鉴评课程培训。

二、能力训练

（一）训练条件

多媒体课室

（二）训练目的

掌握独立开展一堂鉴评课程的方法及步骤。

（三）要求形式

（1）根据所学的茶叶鉴评知识，独立设计一堂茶叶鉴评课程。

（2）根据设计的茶叶鉴评课程，进行课程实施，完成一堂鉴评课程的模拟教授。

（四）训练步骤

（1）分组进行，其中1名成员担任组长，合理高效分工，完成实训任务。

（2）实训开始前，请确定本组准备开展的课程主题，根据组内分工进行“一堂茶叶鉴评课”模拟授课，模拟课程时间40min，建议理论与实践相结合，课程安排合理，循序渐进，条理清晰，并做相关记录工作。

（3）各组组长牵头完成总结，概括课程实施的注意事项。

（4）各项任务完成后，通过线上工具进行补充和评价。

表 12-10　课程设计表

<table>
<tr><td>学习内容（教学模块、项目或任务）</td><td colspan="2"></td><td>课时</td><td></td></tr>
<tr><td colspan="5">教学目标（知识目标、能力目标、素养目标）：
知识目标：
能力目标：
素养目标：</td></tr>
<tr><td colspan="5">教学重点、难点及拟采用的教学方法
教学重点：
教学难点：
拟采用的教学方法：</td></tr>
<tr><td colspan="5">教学环境及用具：</td></tr>
<tr><td>教学过程及其时间安排（以分钟计，连续最长时间不超过 10min）</td><td colspan="3">教学内容（授课内容摘要）
明确重点、难点</td><td>教师和学生活动设计</td></tr>
<tr><td></td><td colspan="3"></td><td></td></tr>
<tr><td></td><td colspan="3"></td><td></td></tr>
<tr><td></td><td colspan="3"></td><td></td></tr>
<tr><td></td><td colspan="3"></td><td></td></tr>
<tr><td></td><td colspan="3"></td><td></td></tr>
<tr><td></td><td colspan="3"></td><td></td></tr>
<tr><td></td><td colspan="3"></td><td></td></tr>
<tr><td></td><td colspan="3"></td><td></td></tr>
<tr><td>课后教学实施总结</td><td colspan="4"></td></tr>
</table>

三、训练评价

表 12-11 训练评价表

序号	评价内容	自评 30%	组间互评 30%	教师评分 40%	实际得分
1	团队工作（20 分）				
2	课程教案（30 分）				
3	实施情况（30 分）				
4	总结工作（20 分）				
合计					

四、应用情景

情景一

对于茶叶从业者，如茶艺师、茶叶销售人员、茶馆经营者等，茶叶鉴评培训课程是提升专业技能的重要途径。如果你是一家茶叶培训机构的老师，现在要为一线的茶叶工作者进行一堂茶叶鉴评的课程培训，请问你会怎么开展？

情景二

在职业学校和高等院校的相关专业中，茶叶鉴评可以作为课程的一部分，培养学生的专业技能和实践能力，你已经在茶叶行业中工作多年，具有较为丰富的茶叶生产一线经验，现在要为在校的茶叶专业学生开展一堂茶叶鉴评课程，你会如何开展？

五、问题情况

1. 茶叶鉴评培训课程中的准备工作包括哪些？

____

____

____

2. 开展茶叶鉴评课程的具体步骤包括哪些？

____

____

____

3. 开展茶叶鉴评课程应该注意哪些问题？

六、课后作业

1. 简述茶叶鉴评的主要方法和步骤，包括观察外形、闻香气、品口感等方面，不少于300字。

2. 前往当地的茶叶市场或茶馆，观察不同种类茶叶的外形、价格和销售情况。与销售人员交流，了解他们对茶叶品质的判断方法和推荐理由。撰写一份调查报告，不少于300字。

课后笔记：

项目十三

茶叶现代鉴评技术

【知识目标】

（1）了解包括茶叶理化检测在内的现代检测技术分析的基本原理和适用范围。

（2）了解茶叶鉴评应用色谱技术、光谱技术、计算机视觉识别技术、电子鼻和电子舌等新技术的基本原理和适用范围。

【技能目标】

（1）初步具备运用理化检验结果与感官鉴评结果相结合判别茶叶品质的能力。

（2）初步具备学习使用电子鼻、电子舌以及综合新技术等技术手段分析茶叶品质的能力。

【素养目标】

（1）科学严谨与数据驱动素养，培养学生在茶叶品质分析过程中秉持科学严谨的态度，尊重各类现代检测技术所生成的数据结果。

（2）创新探索与技术迭代素养，激励学生时刻关注茶叶检测及鉴评领域的前沿动态，保持对新技术、新方法的好奇心与求知欲。

茶叶现代鉴评技术

任务一　掌握茶叶理化鉴评方法

【核心概念】

（1）理化鉴评：指运用现代化学分析、仪器分析方法对茶叶的水分、灰分、水浸出物、粗纤维、水溶性灰分、酸不溶性灰分和水溶性灰分碱度、粗纤维素、茶多酚、氨基酸、咖啡碱、儿茶素组分、可溶性固形物等含量测定，对茶叶进行品质评价的方法。

（2）理化鉴评的分类：理化鉴评又分为物理检验、化学检验及色谱与光谱分析。

【学习目标】

（1）了解物理检验的方法与步骤。

（2）了解化学检验等的方法与步骤。

一、基本知识

对于茶叶品质鉴评，目前国内外都普遍使用感官鉴评和化学方法。其中，感官鉴评法易受评茶员的经验、身体状况与心理等因素的影响，很难得到一致的鉴评结果。化学分析与仪器分析虽可以准确鉴别茶叶内含各类物质和含量，但需要专业人员经复杂检测步骤和使用高昂检验检测仪器才能完成鉴别工作，让它不能在茶叶品质鉴评方面普遍运用。因此，科技人员努力寻找运用现代仪器分析、光谱分析与统计学、最新传感技术、信息与计算机技术相结合的方法，能够方便快捷地对产品质量或生产状况做出判别。

理化标准的检测方法都由国家标准或行业标准加以规定，以便各种检测结果有可比性或可以对结果做复核。

（一）物理检验

茶叶物理检验是采用物理方法来检测茶叶品质与维护茶叶质量的一种技术手段。包括粉末、碎茶含量检验、茶叶包装检验、茶叶夹杂物含量检验及茶叶衡量检验等国家相关标准规定的项目和干茶容重、比容检验、汤色比色等未经相关标准规定的，但可以在一定程度上反映茶叶品质的项目。

（二）化学检验

化学检验就是用化学方法检测茶叶成分的含量。其中，化学检验的指标包括茶多酚、儿茶素、咖啡碱、酚氨比、氨基酸、茶黄素、茶红素、微量元素、pH 值和水浸出物含量等。研究表明，茶叶感官品质的高低主要取决于茶叶的主要化学成分含量及成分之间的量比。研究人员以统计分析、多元回归分析等分析技术建立了茶叶品质与其主要成分关系的方程，预测茶样的品质，为建立一种更加公正客观的感官评定法提供了依据。研究表明，不同等级的永川秀芽茶的氨基酸、咖啡碱含量与感官评分呈显著正相关关系，而可溶性糖含量、茶多酚、酚氨比与其感官评分呈显著负相关关系。

为了便于中国茶更好地被国际市场接受，由中国科学家起草的国际标准化组织（ISO）审批的茶叶分类标准 ISO-20715：2023*Tea-Classificationofteatypes*，已于 2023 年颁布实施。与国际标准对应的中国茶叶标准《茶叶化学分类方法》（GB/T 35825—2018），核心内容就是依据测定 X_{1-6} 分别代表咖啡碱、儿茶素总量、茶氨酸、EGCG/儿茶素总量、茶氨酸×茶氨酸、茶氨酸×咖啡碱的数值代入 Fisher1－5 式子，根据所得数值逐步判别来确定所检测的茶叶属绿茶、红茶、乌龙茶、黄茶、白茶、黑茶等中哪类茶。说明茶叶各种成分含量通过复杂的勾连关系形成了与中国传统的《茶叶分类》标准有其内在联系。

二、能力训练

（一）训练条件

多媒体教室及理化实验室

（二）训练目的

掌握理化鉴评相关步骤要求。

（三）要求形式

（1）对茶多酚、儿茶素、咖啡碱、酚氨比、氨基酸、茶黄素、茶红素、微量元素、pH值和水浸出物含量等茶叶品质相关化学成分进行检测分析。

（2）形成内含物质报告及品质报告总结。

（四）训练步骤

（1）分组进行，其中1名成员担任组长，合理高效分工，完成实训任务。

（2）根据组内分工，选定1～2款茶叶，进行“内含物质成分”检测工作，参照内含物质检测方法步骤，依次进行，并做报告及记录工作。

（3）各组组长牵头完成实训，从内含物质与特征描述、品质概括等方面进行总结。

（4）各项任务完成后，组内其他成员通过线上工具进行补充和评价，并各自完成整理和实训场所恢复工作。

表13-1　内含物质及品质记录表

序号及内容	茶样1		茶样2		检测方法
	内含物质	含量	内含物质	含量	
1					
2					
3					
4					
5					
6					
7					
8					
9					
10					
11					

续表

序号及内容	茶样 1		茶样 2		检测方法
	内含物质	含量	内含物质	含量	
内含物质总结	（参考物质：茶多酚、儿茶素、咖啡碱、氨基酸、茶黄素、茶红素、微量元素、pH 值和水浸出物含量等）				
品质特征					
总结					

三、训练评价

表 13-2　训练评价表

序号	评价内容	自评 30%	组间互评 30%	教师评分 40%	实际得分
1	准备工作（10 分）				
2	检测工作（30 分）				
3	记录工作（30 分）				
4	总结工作（30 分）				
合计					

四、应用情景

情景一

在收购茶叶原料时，可通过理化鉴评方法测定茶叶的含水量、茶多酚含量、咖啡碱含量等指标，筛选出符合质量要求的原料，确保茶叶的品质稳定。如果你是加工厂中的原料采购员，你将如何运用所学知识进行原料的理化检验？

情景二

茶叶生产完成后，理化鉴评是对成品茶叶进行质量检测的重要手段。通过测定茶叶的外形、色泽、香气、滋味、汤色等感官指标，以及水分、灰分、茶多酚、咖啡碱、氨基酸等理化指标，可以全面评估茶叶的品质等级。现在需要你对刚生产完成的一批茶叶进行理化检验，你会如何开展？

五、问题情况

1. 什么是茶叶的物理检验？

2. 什么是茶叶的化学检验？

六、课后作业

1. 讨论在茶叶加工过程中，哪些环节会对茶叶的理化指标产生重要影响？

2. 从市场上购买三种不同品种的茶叶，运用所学的理化鉴评方法，测定其水分含量、灰分含量、茶多酚含量、咖啡碱含量等指标，并记录结果。

3. 利用感官鉴评和理化鉴评相结合的方法，对几种不同等级的茶叶进行评价，比较两种鉴评方法的结果是否一致，并分析原因。

课后笔记：

任务二　了解现代茶叶鉴评新技术

【核心概念】

(1) 色谱法：一种重要的分离、分析方法。

(2) 光谱分析：由于分子中每种原子因其键连原子或基团不同都有自己的特征谱线，因此可以根据光谱来鉴别物质和确定它的化学组成，这种方法叫作光谱分析。

(3) 电化学方法：是电子学、电化学和化学计量学的成功结合，目前的应用主要包括电子鼻（Electronicnose）和电子舌（Electronictongue）。

(4) 计算机视觉识别技术：是用计算机实现部分类视觉的功能，通过图像输入设备把所测对象映射成数字图像，并模拟人的判别准则去理解图像和识别图像，进而对所摄图像进行分类或分级。

【学习目标】

(1) 了解现代不同的鉴评新技术。

(2) 掌握其中1～2种现代鉴评技术的使用方法。

一、基本知识

(一) 色谱技术

色谱法是一种重要的分离、分析方法，它是利用不同物质在两相（固相与液相或气相）中具有不同的分配系数，当两相做相对运动时，这些物质在两相之间进行多次反复分配，使分配系数只有微小差别的物质实现分离。在色谱技术中，流动相为气体的叫作气相色谱，流动相为液体的叫作液相色谱。固定相可以装在柱内，也可以做成薄层。前者叫作柱色谱，后者叫作薄层色谱。

根据色谱法原理制成的仪器叫色谱仪，目前，主要有气相色谱仪（简称GC）和液相色谱仪（简称LC）。色谱技术［包括气相色谱、液相色谱、质谱（简称MS）、气相色谱－质谱联用技术（简称GC－MS）］等被越来越频繁地运用于茶叶品质鉴定。其中，气相色谱法具有灵敏度高、选择性好、分离效能高、样品用量少等优点，适合检验茶叶挥发性成分；高效液相色谱（简称HPLC）则具有稳定性高、重复性好等优点，适合检测茶多酚、儿茶素组分、氨基酸和生物碱类等成分，它们属于分子量较大、沸点高的一组物质。茶叶香气成分的分析更多地应用气－质联用技术（简称GC－MS），可以得到物质名称和相对含量或准确含量。

刘淑娟和何郁非采用顶空固相微萃取（茶叶香气物质提取技术）结合气质联用法测定了6种嫩栗香型茶叶的香气成分，从6个供试茶样的香气成分统计结果来看，醇类化合物含量最高，其次是碳氢类、酯类和醛酮类；检出的单个香气成分中，相对含量较高的有香叶醇、β－芳樟醇、苯乙醇、δ－杜松烯、顺－茉莉酮、二甲硫（即二甲硫醚）、水杨酸甲酯、2－甲基己基丁酸酯、二甲基戊酸甲酯、L－莒薄烯、吲哚和橙花叔醇。其中，相对含量最高的香叶醇具有蔷薇系温和的花香，而β－芳樟醇、苯乙醇、顺－茉莉酮、橙花醇等分别呈现天然花香、果香及甜香。这些典型的风味物质与其他挥发性物质相互作用，构成了湘西山区春季嫩栗香型绿茶的独特香气。试验采用主成分分析，得出了嫩栗香型绿茶的特征香气成分，分别为δ-杜松烯、α-法尼烯、α-摩勒烯、β-芳樟醇、橙花叔醇、α-萜品醇、橄榄醇、橙花醇、顺-己酸-3-己烯酯、水杨酸甲酯、二甲基戊酸甲酯、己酸己酯、丙烯酸丁酯和二甲硫。

随着科学技术的进步，GC及GC-MS的分析方法也逐渐暴露出它们在茶叶香气分析中的局限性，常规的GC-MS分析方法由于分离能力不足，峰重叠比较严重，导致其痕量组分无法定性定量。导致检测成分少（可定性定量分析的香气成分数量一般在100种以下）等。全二维气相色谱-飞行时间质谱技术（GC×GC-TOFMS）是在传统气相色谱基础上发展起来的一种新技术，具有灵敏度高、分辨率高、峰容量大、定性更有规律和信息量大等优点，近年来，已经在食品香气化学研究上取得了成功。定性分析及相对定量分析表明，采用GC×GC-TOFMS技术鉴定出西湖龙井茶样品中存在的522种共性香气成分，归为烯醇、烯、胺、烷烃、醛、烯醛、醚、醇、酯、内酯、烯酯、烯酮、酮、酚、酸、含硫化合物、氮杂环化合物、氧杂环化合物、芳香烃及炔烃等20类化合物，其中芳香烃的数量最多（77个），烷烃（50个）、烯（43个）、酯（43个）、酮（41个）次之，炔类最少（3个）；戊烯-3-醇、顺-3-己烯醇、芳樟醇、α-松油醇、香叶醇、丁烷、甲基环戊烷、2，2，4，6，6-五甲基庚烷、十二烷、二十一烷、二十四烷、三十一烷、乙醛、戊醛、己醛、糠醛、庚醛、苯乙醛、壬醛、乙丙醚、2-乙氧基丁烷、乙基丁基醚、1，2-二乙氧基乙烷、戊基乙基醚、正戊醇、叔丁醇、苄醇、苯乙醇、植醇、邻苯二甲酸二异丁酯、酞酸二丁酯、乙基-2-（5-甲基-5-乙烯基四氢呋喃-2-烯）丙基-2-烯碳酸酯、顺-己酸-3-己烯酯、棕榈酸甲酯、乙偶姻、2，4-二叔丁基苯酚、异戊酸、壬酸、棕榈酸、亚油酸、硬脂酸、二甲基亚砜、苯并噻唑、吲哚、咖啡碱、芳樟醇氧化物（吡喃型）、2，3-二氢苯并呋喃、乙苯、丙苯及1-甲基萘这50种挥发性化合物的含量较高（≥0.5%），对西湖龙井茶的香气品质具有重要影响。在这50种高含量化合物中，顺-3-己烯醇、芳樟醇、α-松油醇、香叶醇、壬醛、顺-己酸-3-己烯酯、吲哚、芳樟醇氧化物（吡喃型）等为西湖龙井茶中已报道的典型香气成分。

气相色谱-嗅觉-质谱测定法是一种对气味活性成分进行高效分析的方法，已在鉴定乌龙茶、普洱茶、绿茶的特征香气中取得较好效果。李玮轩通过优化茶叶用量、捕集温度、孵化温度、吹扫总流量、吹扫速率以及干燥速率等动态顶空（dynamicheadspace，DHS）提取参数，建立了基于DHS萃取联合热脱附/气相色谱-质谱的烘青绿茶挥发性成分的最优提取及分析方法，并结合气相色谱-嗅觉测量-质谱（gaschromatography-olfactometry-massspectrometry，GC-O-MS）联用技术系统解析不同品种烘青绿茶的关键嗅感物质。对龙井43、中茶108、福鼎大白茶烘青绿茶的香气成分进行分析，共鉴定出74种化合物，包括醇类19种、烯类19种、酯类11种、醛类10种、酮类9种、芳香族化合物5种以及含氮化合物1种。多元统计分析结果表明，3个不同品种烘青绿茶中存在18种关键差异性挥发性成分，如异亚丙基丙酮、环己酮、6-甲基-5-庚烯-2-酮等。进一步的DHS-TD/GC-O-MS分析结果表明，3种烘青绿茶中存在28种嗅感物质，如香叶醇、β-月桂烯、苯乙醛、反式-3-己烯丁酸酯等，主要呈现青香、清新、花果香、草本香、木香、甜香等气味属性，其中花果香属性的香气强度总和最高，青香、清新属性次之。综合多元统计分析及嗅闻分析结果发现，芳樟醇、菖蒲烯、δ－杜松烯、6－甲基－5－庚烯－2－酮和辛醛是3个不同品种烘青绿茶之间的关键差异性嗅感物质，芳樟醇在龙井43烘青绿茶中贡献显著，而后四者对福鼎大白茶烘青绿茶的香气品质形成贡献显著。

（二）光谱技术

光波是由原子运动过程中的电子产生的电磁辐射。各种物质的内部电子的运动情况不同，所以它们发射的光波也不同。研究不同物质的发光和吸收光的情况，具有重要的理论和实际意义，已成为一门专门的学科——光谱学。由于分子中每种原子因其键连原子或基团不同都有自己的特征谱线，因此可以根据光谱来鉴别物质和确定它的化学组成，这种方法叫作光谱分析。

1. 多光谱图像纹理技术

多光谱技术是一种利用不同波长范围的光来研究物质的技术。它基于不同波长光的特性，可以提供关于物质不同方面的信息，从而在科学研究、环境监测、农业生产、自然资源管理等方面具有广泛的应用。多光谱技术适用于许多不同领域，如地球遥感、气象学、植物学、生态学、医学、卫星图像处理等。通过对不同波长的光信号进行分析和处理，可以获取关于物体的颜色、反射率、温度、湿度、化学成分等信息。读取一个多光谱图像，并将其分离为红色（R）、绿色（G）、蓝色（B）和近红外（NIR）通道。然后使用NDVI（归一化植被指数）算法计算NDVI值，并将其映射到灰度值区间，最后显示结果图像。

多光谱图像技术已经应用在许多领域，纹理作为图像的一种特性，已经越来越多地被科研工作者作为一个重要的特征参数与计算机技术相结合，用来进行食品质量识别。在茶叶种类和产地识别方面，李晓丽等提出一种基于多光谱图像纹理分析的快速识别羊岩勾青、庐山云雾、安吉白片和西湖龙井不同品种绿茶的方法。使用3CCD光谱成像仪，同时获得绿茶样本的红光、绿光和近红外3个通道的图像，采用灰度共生矩阵和纹理滤波相结合来提取图像纹理特征，通过非监督聚类分析不同品种绿茶的各个通道图像的纹理特征，优化和筛选后得到10个特征参数作为支持向量机模型的输入，建立的模式识别模型对于126个建模样本的识别正确率达到94.4%，对于未知64个预测样本的识别正确率达到93.8%。

张宪等利用高精度数码相机，对摊青过程中10个含水率梯度的600个样本进行数据采集，通过研究茶叶叶片形状、纹理及颜色的变化，实时监测摊青过程中含水率的变化，利用与含水率相关性大于0.92的特征参数，通过回归值验证与BP神经网络建立含水率非线性预测模型，准确度在90%以上，证明此模型对于研究茶叶叶片含水率和指导茶叶生产具有一定的准确度和可靠性。

2. 高光谱成像技术

高光谱成像技术是将二维成像技术和光谱技术相结合创造出的一种新方法，旨在获得场景图像中每个像素的光谱。这个过程有助于识别物体、识别材料或检测过程。在保留成像功能的同时引入高光谱信息，增加信息分析的维度，为物质成分提供定性或定量的分析方法，重点关注特定物质类型的分布。常见的高光谱形式有红外、紫外吸收光谱、反射光谱、激光诱导等离子体光谱，在预设光源条件下，成像光谱仪采集样品光谱数据后传输到PC机进行图像数据的处理，移动平台控制样品的自由滑动（图13-1）。通过光谱分析对物质进行精确的定量分析，结合扫描成像，可以更加精确地分析特定的目标位置，以确定物质的组成和含量。

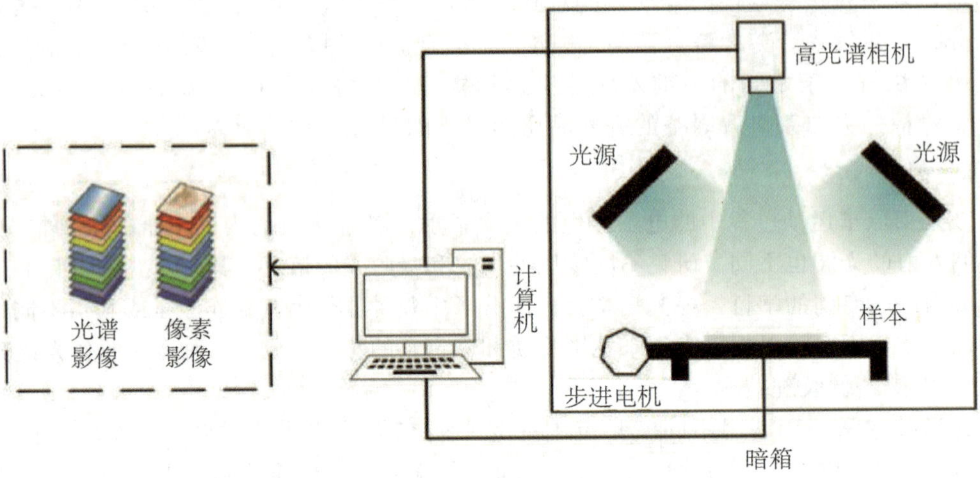

图 13-1　**高光谱成像系统检测原理**

高光谱成像技术在茶叶行业的应用处于试验开发阶段。通常对原始光谱信息进行预处理，将原始光谱反射率、一阶导数光谱反射率、光谱纹理特征参数等作为自变量，并进行相应的转换。以鲜叶叶绿素和成品茶品质指标为因变量，采用偏最小二乘、径向基函数(RBF)、支持向量机、多元回归等算法建立预测模型。通过反演，对茶树生长、茶叶品质、茶型鉴定等进行估计和检测。相关研究主要集中在茶叶种植管理监测、茶叶等级分类、茶叶生产过程监测、茶叶种类鉴定等方面。

范婷婷应用近红外（900—1700nm）高光谱成像技术对6个等级的祁门红茶进行分类。首先利用线性和非线性降维方法对高光谱数据进行可视化处理，可视化算法包括线性方法的主成分分析（Principal Component Analysis，PCA）、多维尺度变换（Multi－Dimensional Scaling，MDS）和非线性方法的t分布随机邻域嵌入（t－Distributed Stochastic Neighbour Embedding，t－SNE）、Sammon非线性映射。其次，利用支持向量机（Support Vector Machine，SVM）和极限学习机（Extreme Learning Machine，ELM）建立分类模型来鉴定祁门红茶的不同等级。最后，利用SVM和ELM分类模型对高光谱图像每个像素点进行识别，得到预测图。结果表明，t－SNE可以将6个等级的祁门红茶分在六个不同的簇，SVM和ELM的预测集准确率分别为100%和96.35%。t－SNE可视化效果最佳，SVM的检测模型能够有效地对祁门红茶六个等级进行识别。

3. 近红外光谱

通常将红外光谱分为三个区域：近红外区（0.75～2.5μm）、中红外区（2.5～25μm）和远红外区（25～1000μm）。一般来说，近红外光谱是由分子的倍频、合频产生的；中红外光谱属于分子的基频振动光谱；远红外光谱则属于分子的转动光谱和某些基团的振动光谱。

由于绝大多数有机物和无机物的基频吸收带都出现在中红外区，因此中红外区是研究和应用最多的区域，积累的资料也最多，仪器技术最为成熟。通常所说的红外光谱即指中红外光谱。

近年来，近红外光谱（Near infrared Spectroscopy，NIRS）技术也逐渐被用来进行茶叶品质分析。这是一种介于可见光与中红外之间的电磁辐射，能够记录样品化学成分中含氢基团（如C—H、N—H、O—H、S—H等）的倍频、合频以及差频的叠加吸收等信息。近红外光谱技术具有快速、无须破坏样品、绿色无污染、成本低、可在线分析等特点，成为近几年迅速发展的一种快速检测技术。

茶叶内含有茶多酚、氨基酸、蛋白质、多糖（纤维素、半纤维素、淀粉和果胶）、生物碱等有机成分，这些有机成分都含有各种氢基团，因此茶叶的近红外光谱中包含大量氢基团的倍频与合频吸收峰。通过分析茶叶的近红外光谱数据，并结合多元校正方法，可对茶叶的品质进行定性定量分析。赵峰、周昌海、吴瑞梅等就通过NIRS技术获取了茶叶中茶多酚、蛋白质、氨基酸等各种含氢基团的近红外光谱信息，建立相关数学模型对该类茶叶化学成分进行定性和定量分析。

（三）电化学方法

电化学方法是电子学、电化学和化学计量学的成功结合，目前的应用主要包括电子鼻和电子舌。传感器的选择和化学计量学模型的选择对于电子感官至关重要，其中最常用的传感器是金属氧化物传感器。

1. 电子鼻

电子鼻是新兴的一种当代感官分析技术，已广泛地应用于物品风味检测方面。电子鼻利用几个或几十个不同的传感器阵列作检测是根据样品与传感器产生的物理变化（如电阻量）而进行数据处理，它的敏感性和选择性达ppm－ppb（1mg/kg－1μg/kg）值。电子鼻采用人工智能技术，实现由仪器“嗅觉”对产品进行客观分析。由于这种智能传感器阵列系统中配有不同类型传感器，使它能更充分地模拟复杂的鼻子，也可通过它得到某产品“真实”的身份证明（指纹图），从而辅助专家快速地进行系统化科学化的气味监测、鉴别、判断和分析。

与感官鉴评技术和气相色谱质谱联用技术（GC－MS）相比，电子鼻操作简捷迅速，样品不用前处理，也不需要有机溶剂进行萃取，是一项益于环境保护，不危害操作员身体的检测技术。目前，陈全胜等研究表明，利用电子鼻结合支持向量机（SVM）可以对绿茶进行品质判别。刘远方等运用电子鼻成功地区分了不同等级的信阳毛尖茶。张健等使用电子鼻有效区分了11种茶叶香气的相似性和不同之处。古小玲等使用电子鼻成功地区分了不同品种的海南红碎茶。

2. 电子舌

由于国内外科研人员越来越多地关注电子舌技术的发展，特别是在液体饮料分析中，电子舌技术被认为是一种具有广阔发展前景的食品分析技术。电子舌应用味觉传感器阵列和模式识别的数字信号处理方法，模拟人和生物概念的舌，实现了由仪器“味觉”对产品进行客观分析。当电子舌与被检测的液体饮料接触时，味觉传感器表面敏感膜两侧的电势将发生变化，从而对味觉物质产生响应，且可检测出各味觉物质之间的相互关系，并具有类似于生物味觉感受的相同方式。

电子舌技术是近年逐渐被应用于茶叶品质鉴定上的一种智能识别滋味的新型分析识别检测手段。该技术是模仿味觉系统对不同味道进行分析识别，其所得到的是能反映样本整体信息的“指纹”数据，被称为“滋味指纹分析仪”，也被称为味觉传感器技术或人工味觉识别技术。电子舌与电子鼻类似，也主要由传感器阵列、信号采集和模式识别系统组成。目前较典型的电子舌系统有法国的 AlphaMOS 系统和日本的 KiyoshiToko 电子舌。贺玮等采用电子舌评价 3 个等级的云南普洱散茶，取得了较好的识别效果。Ghosh 等利用电子舌测定了印度红碎茶的茶黄素和茶红素含量，结果显示，电子舌测定值与分光光度计法测定值的相关性良好。许芳等采用 TS－5000Z 型味觉分析系统对武夷山金骏眉和云南滇红进行滋味分析，结果表明，电子舌的主成分分析图可以区别不同产地和不同冲泡条件下的红茶滋味，并能直观地反映其味觉差异。

Larisa Lvova 等研究电子舌在茶叶滋味分析中的运用。对立顿红茶、四种韩国产的绿茶和咖啡的研究表明，采用 PCA 分析方法（Principal Component Analysis），电子舌技术可以很好地区分红茶、绿茶和咖啡，并且也能很好地区分不同品种的绿茶。他们还研究了采用 PCR（Principal Component Regression）和 PLS 分析方法（Partial Least Regression）的电子舌技术在定量分析代表绿茶滋味的主要成分含量上的分析能力。结果表明，电子舌可以很好地预测咖啡碱（代表苦味）、单宁酸（代表苦味和涩味）、蔗糖和葡萄糖（代表甜味）、L－精氨酸和茶氨酸（代表由酸到甜的变化范围）的含量和儿茶素的总含量。他们的结论是电子舌可以定性和定量分析茶叶的品质。

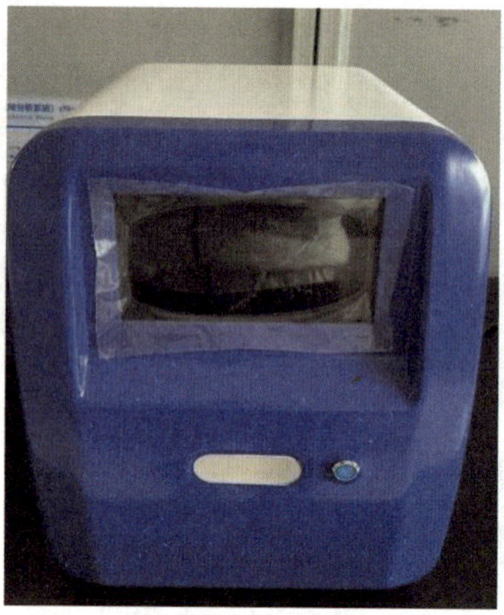

图 13-2　电子鼻

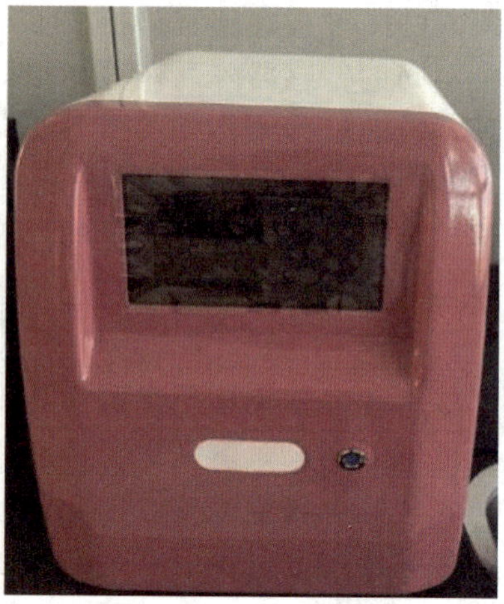

图 13-3　电子舌

（四）计算机视觉识别技术

计算机视觉识别技术是用计算机实现部分类视觉的功能，通过图像输入设备把所测对象映射成数字图像，并模拟人的判别准则去理解图像和识别图像，进而对所摄图像进行分类或分级。计算机视觉可对茶叶色泽和外观进行复杂的非线性处理，具有分析精度高、处理内容丰富等特点，并且可将茶叶品质因子进行量化和标准化，减少主观因素和外界环境因素的影响。

刘鹏等采用中值滤波及拉普拉斯算子对碧螺春绿茶样图像进行预处理，分析得到的色调均值、色调标准差、绿体均值、平均灰度级、饱和度均值、红体均值、饱和度标准差、亮度均值、一致性 9 个特征属性与感官鉴评特征描述相一致。Laddi 通过提取茶叶图像的颜色特征参数表征茶叶外形色泽、提取纹理特征参数表征茶叶外形形状，利用计算机视觉技术快速评价茶叶品质。赵爱凤等开发了一种可用于茶叶汤色判别和茶叶细胞损伤率测定的计算机图形系统。胡潇等采用引导滤波方法去除茶叶叶底图像的镜面反射等噪声信息，提取图像的颜色和纹理特征，利用连续投影算法优选特征变量，建立了茶叶叶底感官品质的 SVM 量化分析模型。计算机图像分析和处理技术排除了外界的干扰，远远优于人的视觉精度，色差技法、色卡法、分光光度法等都是以此为基础发明的评定方法。

（五）多种技术融合在茶叶品质综合评价中的应用前景

新兴技术与现有的检测技术相比，显示出了良好的应用前景，光谱技术、电化学方法、计算机视觉识别技术、人工智能等有望成为快速有效检测茶叶品质的可靠技术。然而，这些新兴技术还有待进一步完善，如基础数据库严重缺失、仪器昂贵、传感器灵敏度不够、化学计量学模型的预测性能有待提高、多技术联合应用时的数据融合策略有待进一步探究。刘奇等认为新兴技术有 3 个可能的发展方向，首先，技术的联合应用，由于茶叶的复杂性，未来唯有将多种技术联合，才能更加精准、有效地对茶叶进行评价；其次，小型化的仪器能大幅降低成本，更利于消费者与从业者的使用，促进茶叶贸易的健康发展；最后，应进一步将多种新兴技术融合应用于各类茶叶加工过程中的品质监控技术，不仅能促进茶叶加工的机械化、智能化发展，也能消除对专业人员的依赖，促进茶叶品质研究的发展。

目前人工智能技术日新月异的发展也必将为未来建立更便捷、准确、科学、全面的茶叶品质鉴评体系提供坚实的基础和保障。

二、能力训练

（一）训练条件

配备先进仪器的实验室及多媒体演示设备的教室

（二）训练目的

熟练掌握现代茶叶鉴评新技术的相关流程与要求。

（三）要求形式

（1）运用现代技术对茶叶的香气成分、色泽参数、滋味相关化学物质等茶叶品质关键指标进行检测分析。

（2）形成详细的茶叶品质特性报告及技术应用总结。

（四）训练步骤

（1）分组进行，其中 1 名成员担任组长，合理高效分工，完成实训任务。

（2）根据组内分工，选定 1～2 款茶叶，进行“品质指标”检测工作，参照现代茶叶鉴评新技术的检测方法步骤，逐一进行操作，并做好报告记录。

（3）各组组长带领组员完成实训后，从检测指标与茶叶特性、品质综合评价等方面进行全面总结。

（4）各项任务完成后，组内其他成员借助线上平台进行补充完善和客观评价，并各自负责整理实训场所，恢复其整洁有序状态。

表 13-3 品质指标检测记录表

<table>
<tr><td rowspan="2">序号及内容</td><td colspan="2">茶样 1</td><td colspan="2">茶样 2</td><td rowspan="2">检测方法</td></tr>
<tr><td>内含物质</td><td>含量</td><td>内含物质</td><td>含量</td></tr>
<tr><td>1</td><td></td><td></td><td></td><td></td><td></td></tr>
<tr><td>2</td><td></td><td></td><td></td><td></td><td></td></tr>
<tr><td>3</td><td></td><td></td><td></td><td></td><td></td></tr>
<tr><td>4</td><td></td><td></td><td></td><td></td><td></td></tr>
<tr><td>5</td><td></td><td></td><td></td><td></td><td></td></tr>
<tr><td>6</td><td></td><td></td><td></td><td></td><td></td></tr>
<tr><td>7</td><td></td><td></td><td></td><td></td><td></td></tr>
<tr><td>8</td><td></td><td></td><td></td><td></td><td></td></tr>
<tr><td>9</td><td></td><td></td><td></td><td></td><td></td></tr>
<tr><td>10</td><td></td><td></td><td></td><td></td><td></td></tr>
<tr><td>11</td><td></td><td></td><td></td><td></td><td></td></tr>
<tr><td>检测总结</td><td colspan="5">（参考物质：茶多酚、儿茶素、咖啡碱、氨基酸、茶黄素、茶红素、微量元素、pH 值和水浸出物含量等）</td></tr>
<tr><td>品质特征</td><td colspan="5"></td></tr>
<tr><td>总结</td><td colspan="5"></td></tr>
</table>

三、训练评价

表 13-4　训练评价表

序号	评价内容	自评 30%	组间互评 30%	教师评分 40%	实际得分
1	准备工作（10 分）				
2	检测工作（30 分）				
3	记录工作（30 分）				
4	总结工作（30 分）				
合计					

四、应用情景

情景一

在茶叶贸易过程中，现代鉴评技术可以作为质量保证的重要手段，通过对茶叶进行定期检测，确保茶叶在储存、运输等环节中品质稳定，符合相关标准和要求。如果你是一家普洱茶企业中的品控人员，现在公司需要你运用现代茶叶鉴评技术对公司的相关普洱茶产品进行指标检测，以确保其品质，你会怎么做？

情景二

科研人员可以利用现代鉴评技术深入研究不同茶叶品种的品质特性，为茶叶品种改良和创新提供科学依据；新技术还可以帮助科研人员探索茶叶品质形成的机理，为优化茶叶生产工艺提供理论支持，现在需要你根据新技术的应用，进而优化原红茶生产工艺，你会如何开展？

五、问题情况

1. 什么是色谱、光谱技术？

2. 现代茶叶鉴评技术中的电化学方法有哪些？其特点是什么？

3. 多种技术融合在茶叶品质综合评价中的应用前景如何体现？

六、课后作业

1. 简述如何利用现代鉴评技术保障茶叶贸易的质量和公平性。

2. 设计一个实验，研究不同加工工艺对茶叶滋味相关化学物质的影响，运用现代鉴评技术进行分析和总结。

3. 利用网络资源，了解国内外最新的现代茶叶鉴评技术动态，撰写一篇综述报告。

课后笔记：

附件一　茶叶知识视频

模块	内容	二维码	项目得分	备注
模块一 基础测试篇	项目一　茶区分布及茶叶分类			
	项目二　评茶基础技能			
模块二 技能巩固篇	项目三　评茶师职业岗位之样品室建设			
	项目四　评茶师职业岗位之相关标准			
	项目五　绿茶品质鉴评			

续表

模块	内容	二维码	项目得分	备注
模块二 技能巩固篇	项目六　红茶品质鉴评			
	项目七　乌龙茶品质鉴评			
	项目八　黑茶品质鉴评			
	项目九　白、黄茶品质鉴评			
模块三 强化提升篇	项目十　茶叶拼配及质量控制			
	项目十一　常见训练项目			

续表

模块	内容	二维码	项目得分	备注
模块三 强化提升篇	项目十二　综合运用			
	项目十三　茶叶现代鉴评技术			
其他	茶叶鉴评实训			
合计				

附件二　茶叶感官轮

茶叶感官颜色轮　　(2023版)

中国农业科学院茶叶研究所、中国茶叶学会、农业农村部茶叶质量监督检验测试中心、浙江大学、福建农林大学
中国标准化研究院、湖南农业大学、安徽农业大学、云南农业大学、中国茶叶股份有限公司　　联合发布

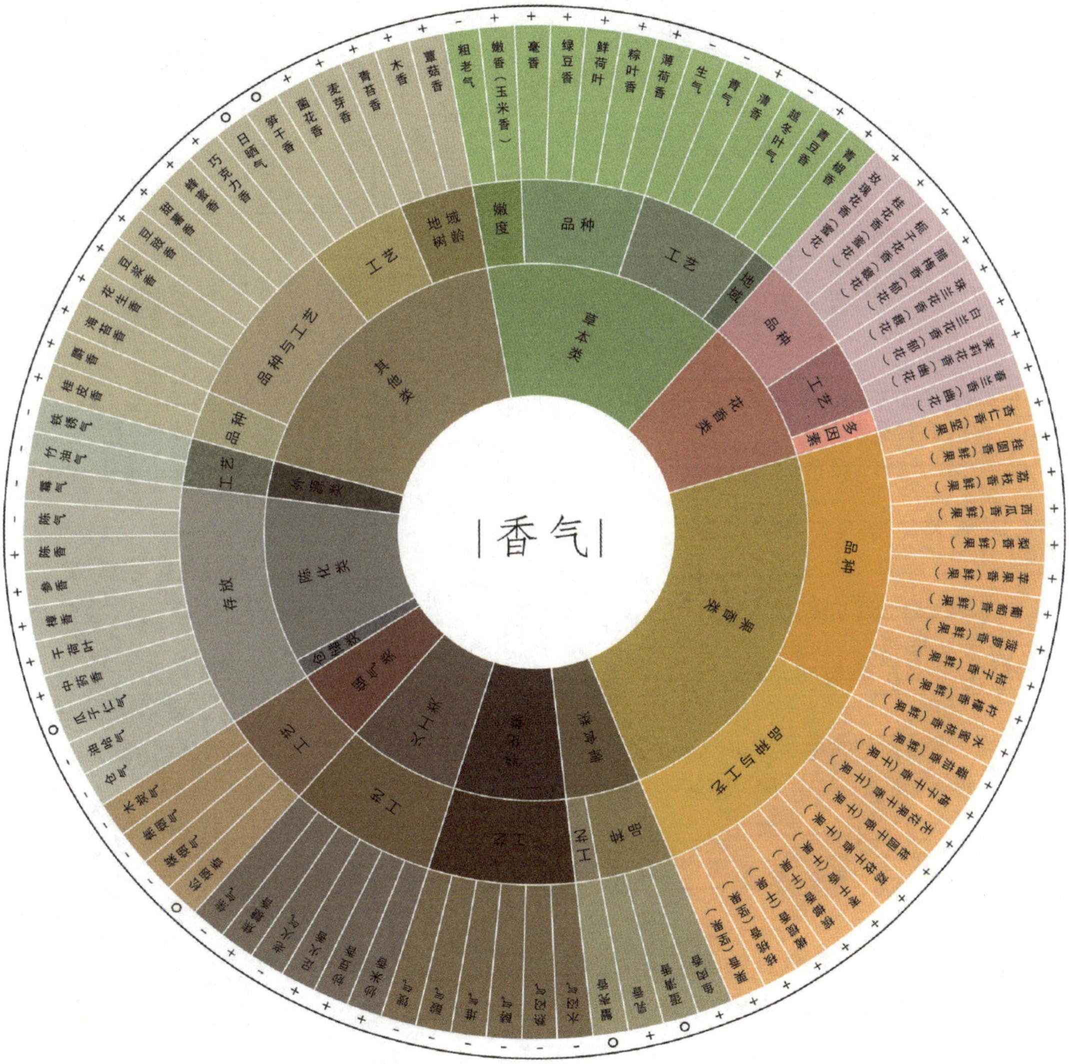

茶叶感官香气轮　　(2023版)

中国农业科学院茶叶研究所、中国茶叶学会、农业农村部茶叶质量监督检验测试中心、浙江大学、福建农林大学
中国标准化研究院、湖南农业大学、安徽农业大学、云南农业大学、中国茶叶股份有限公司　　联合发布

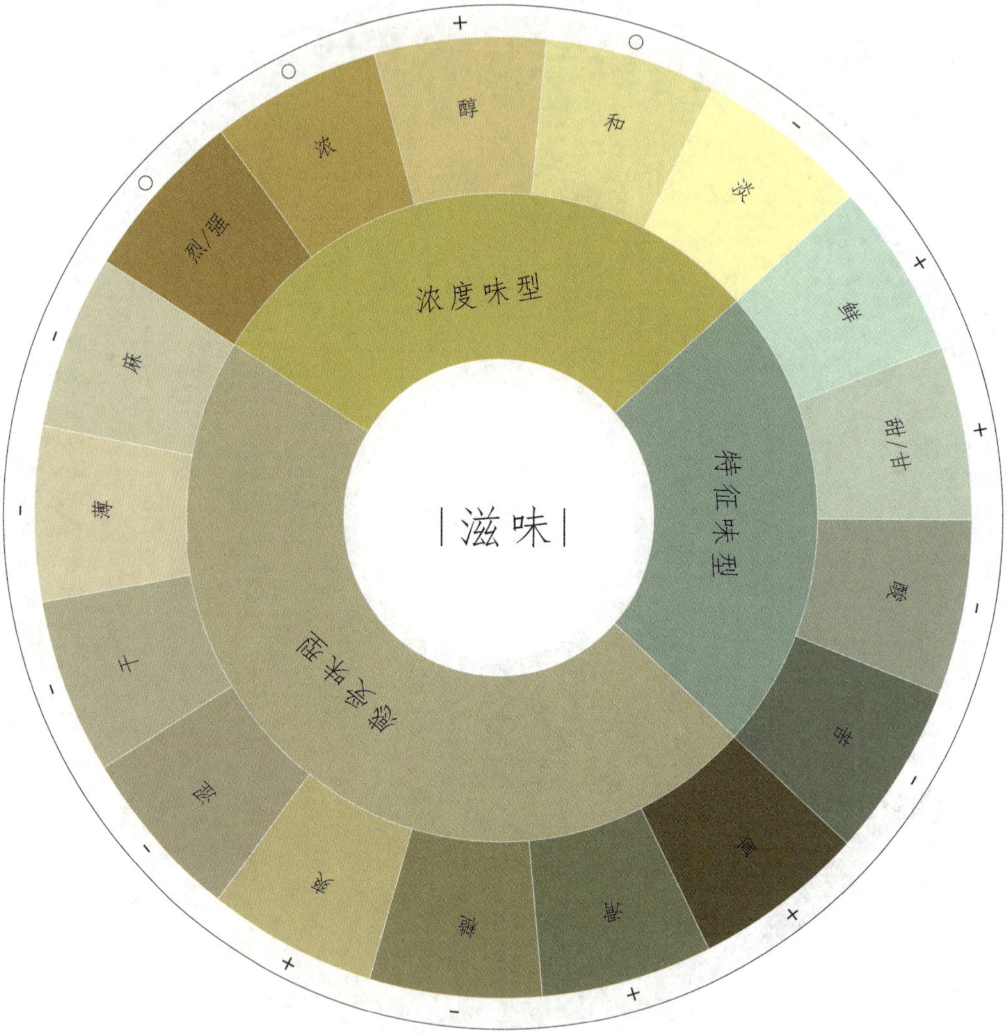

茶叶感官滋味轮　　(2023版)

中国农业科学院茶叶研究所、中国茶叶学会、农业农村部茶叶质量监督检验测试中心、浙江大学、福建农林大学
中国标准化研究院、湖南农业大学、安徽农业大学、云南农业大学、中国茶叶股份有限公司　　联合发布

参考文献

[1] 中华人民共和国国家质量监督检验检疫总局，中国国家标准化管理委员会．GB/T 14487—2017 茶叶感官审评术语 [S]．北京：中国标准出版社，2017.

[2] 中华人民共和国国家质量监督检验检疫总局，中国国家标准化管理委员会．GB/T 18797—2012 茶叶感官审评室基本条件 [S]．北京：中国标准出版社，2012.

[3] 中华人民共和国国家质量监督检验检疫总局，中国国家标准化管理委员会．GB/T 23776—2018 茶叶感官审评方法 [S]．北京：中国标准出版社，2018.

[4] 中华人民共和国国家质量监督检验检疫总局，中国国家标准化管理委员会．GB/T 30375—2017 茶叶贮存 [S]．北京：中国标准出版社，2017.

[5] 中华人民共和国国家质量监督检验检疫总局，中国国家标准化管理委员会．GB/T 8302—2013 茶取样 [S]．北京：中国标准出版社，2013.

[6] 中华人民共和国国家质量监督检验检疫总局，中国国家标准化管理委员会．GB/T 8303—2013 茶磨碎试样的制备及其干物质含量测定 [S]．北京：中国标准出版社，2013.

[7] 中华人民共和国国家质量监督检验检疫总局，中国国家标准化管理委员会．GB/T 8304—2013 茶水分测定 [S]．北京：中国标准出版社，2013.

[8] 中华人民共和国国家质量监督检验检疫总局，中国国家标准化管理委员会．GB/T 8305—2013 茶水浸出物测定 [S]．北京：中国标准出版社，2013.

[9] 中华人民共和国国家质量监督检验检疫总局，中国国家标准化管理委员会．GB/T 8306—2013 茶总灰分测定 [S]．北京：中国标准出版社，2013.

[10] 中华人民共和国国家质量监督检验检疫总局，中国国家标准化管理委员会．GB/T 8311—2013 茶粉末和碎茶含量测定 [S]．北京：中国标准出版社，2013.

[11] 国家林业局．LY/T 1959—2011 茶叶中游离氨基酸总量的测定 [S]．北京：中国标准出版社，2011.

[12] 安徽农业大学茶学系．茶叶感官审评指南 [D]．合肥：安徽农业大学，1995.

[13] 陈宗懋．中国茶叶大辞典 [M]．北京：中国轻工业出版社，2000.

[14] 陈宗懋．茶的科学 [M]．杭州：浙江科学技术出版社，2011.

[15] 陈宗懋，俞永明，梁国彪，等．品茶图鉴 [M]．南京：译林出版社，2017.

[16] 顾谦，陆锦时，叶宝存．茶叶化学 [M]．合肥：中国科学技术大学出版社，2005.

[17] 黄建安，施兆鹏．茶叶加工学 [M]．2 版．北京：中国农业出版社，2007.

[18] 黄友谊．茶学概论 [M]．北京：中国农业出版社，2014.

［19］湖南农业大学．茶叶化学［M］．北京：中国农业出版社，1987.

［20］骆耀平．茶树栽培学［M］.5版．北京：中国农业出版社，2014.

［21］陆松侯，施兆鹏．评茶员［M］.2版．北京：中国劳动和社会保障出版社，2014.

［22］梁月荣．茶树种质资源与遗传改良［M］．北京：中国农业出版社，2014.

［23］钱和．茶叶质量安全学［M］．北京：中国轻工业出版社，2011.

［24］施兆鹏．茶叶审评与检验［M］.5版．北京：中国农业出版社，2010.

［25］施兆鹏．茶叶鉴评与检验［M］．北京：中国农业出版社，2010.

［26］宛晓春．茶叶生物化学［M］.3版．北京：中国农业出版社，2003.

［27］须海荣．茶叶感官审评与质量控制［M］．北京：中国农业出版社，2010.

［28］吴晓蓉，伍锡岳．茶叶鉴评技术［M］．北京：中国商业出版社，2021.

［29］伍锡岳，刘展良．茶叶标准与质量安全管理［M］．北京：中国商业出版社，2022.

［30］杨亚军．现代茶产业技术［M］．北京：中国农业出版社，2007.

［31］叶阳．茶叶加工技术与装备［M］．北京：中国农业出版社，2015.

［32］俞永明．中国名优茶选集［M］．上海：上海科学技术出版社，2000.

［33］蒋容港．不同香型黄茶特征香气成分研究［D］．长沙：湖南农业大学，2021.

［34］邵淑宏．乌龙茶多糖理化性质及抗氧化、降血糖活性研究［D］．杭州：浙江大学，2005.

［35］郭建华．绿茶贮藏过程中挥发性物质变化规律的研究［D］．杭州：浙江大学，2011.

［36］唐贵珍．中国典型黄茶感官品质及滋味品质成分研究［D］．杭州：浙江大学农业与生物技术学院，2019.

［37］袁弟顺，林丽明，岳文杰，等．自然萎凋白茶的品质形成机理研究：2008茶学青年科学家论坛［C］．长沙：2008.

［38］古小玲，刘栩，李达敏，等．海南红碎茶电子鼻技术应用及其与感官鉴评的比较［J］．热带作物学报，2010，31（11）：2034－2038.

［39］贺玮，胡小松，赵镭，等．电子舌技术在普洱散茶等级评价中的应用［J］．食品工业科技，2009，30（11）：125－127.

［40］胡潇，熊爱华，黄俊仕，等．计算机视觉结合引导滤波方法快速量化茶叶叶底品质［J］．江西农业大学学报，2019，41（3）：601－609.

［41］Ghosh A，Tudu B，Tamuly P，et al. Prediction of the aflavin and the arubigin content in black tea using a Voltammetric electronic tongue［J］.Chem Intel Lab System，2012，116（7）：57－66.

［42］刘远方，李阳，梁飞，等．绿茶香气的电子鼻分析方法研究［J］．食品科技，2012，37（1）：58－62.

［43］刘琳燕，周子维，邓慧莉，等．不同年份白茶的香气成分［J］．福建农林大学学报（自然科学版），2015，44（1）：27－33.

［44］刘淑娟，何郁菲．嫩栗香型绿茶香气组分主成分分析［J］．湖南农业科学，2020（1）：70－73.

［45］刘鹏，吴瑞梅，杨普香，等．基于计算机视觉技术的茶叶品质随机森林感官评价方法研究［J］．光谱学与光谱分析，2019，39（1）：193－198.

［46］刘奇，欧阳建，刘昌伟，等．茶叶品质评价技术研究进展［J］．茶叶科学，2022，42（3）：316－330.

［47］李晓丽，何勇，裘正军，等．基于多光谱图像的不同品种绿茶的纹理识别［J］．浙江大学学报（工学版），2008，42（12）：2134－2138.

［48］李玮轩，解东超，邵晨阳，等．动态顶空萃取结合气相色谱－嗅觉测量－质谱联用技术解析不同品种烘青绿茶的挥发性成分［J］．食品科学，2024，45（5）：137－148.

［49］卢红，李庆龙，王明凡，等．陈化普洱茶与原料绿茶的挥发性成分比较分析［J］．西南农业大学学报（自然科学版），2006，28（5）：820－824.

［50］林松洲．茶艺与茶叶审评实用技术［J］．南方农业，2017，11（11）：83－84. DOI：10.19415/j.cnki.1673－890x.2017.11.04.

［51］Larisa Lvova，Andrey Legin，Yuri Vlasov，et al. Multicomponent analysis of Koreangeentea by means of disposable all－solid－state potentiometric electronic tongue microsystem［J］. Sensors and Actuators B95，2003：391－399.

［52］许芳，陈轩．电子舌技术对不同产地红茶的滋味识别［J］．湖北农业科学，2016（9）：2373－2376.

［53］张宪，贾广松，赵章风，等．基于多光谱图像参数的茶叶摊青评价模型研究［J］．浙江工业大学学报，2017（4）：125－129.

［54］张莹，钟应富，袁林颖，等．不同等级云岭永川秀芽茶叶品质特征研究［J］．西南农业学报，2015，28（1）：84－89.

［55］张健，章苏宁，田怀香，等．不同品种茶叶有效成分及香气特征的比较分析［J］．食品工业，2011（4）：90－93.

［56］张欣然．茶叶审评技术研究进展［J］．中国野生植物资源，2020，39（12）：46－51.

［57］赵爱凤，于国锋，金心怡．新技术在茶叶鉴评中的应用［J］．福建农机，2006（3）：41－43.

［58］赵杰文，孙永海．现代食品检测技术［M］.2版．北京：中国轻工业出版社，2008：11－13.

［59］郑功明，袁赛艳．滇红工夫红茶揉捻工艺研究［J］．湖北农业科学，2023，62（9）：88－92. DOI：10.14088/j.cnki.issn0439－8114.2023.09.16.

［60］夏涛，黄继轸，高丽萍．祁门红茶化学评审的定量分析［J］．茶叶科学，1994，14（1）：55－58.

［61］肖明霁，庄映菁，肖梦暄，等．中国茶叶感官审评的发展与溯源［J］．茶业通报，2021，43（2）：62－66.

［62］王丽霞，陆燕，林启训，等．绿茶冲泡浸提的影响因素分析及数学模型的建立［J］．现代农业科技，2017（19）：122－124.

［63］王秋霜，陈栋．广东陈香茶特征香气物质研究［J］．广东农业科学，2012，39（21）：47－51.

［64］王岩．神经网络技术在茶叶分级中的应用研究［J］．福建茶叶，2016，38（6）：15－16.

［65］王硕，邱桐，姜青，等．中国茶叶拼配技术的发展与应用［J］．中国茶叶，2024，46（9）：1－9.

［66］王海军．高光谱技术在农业遥感中的应用研究进展［J］．农业开发与装备，2023（2）：124－125.

［67］于慧春，王俊．电子鼻技术在茶叶品质检测中的应用研究［J］．传感器技术学报，2008，21（5）：748－752.

［68］杨志忠，韦凤杰，程向红，等．不同降解方法下β－胡萝卜素降解产物的分析［J］．农学学报，2011，1（9）：13－17.

［69］杨霄，刘伟，马梦君，等．高光谱成像技术在茶叶生产中的应用研究进展［J］．中南农业科技，2023，44（12）：238－242，252.

［70］熊春晖，佘永新，焦逊，等．高光谱成像技术在农产品无损检测中的应用［J］．粮油食品科技，2023，31（1）：109－122.

［71］谭利娟，晁燕，喻宁华．杉木精油化学成分的GC－MS分析［J］．湖南林业科技，2013，40（4）：57－59.

［72］蒋容港，黄燕，金友兰，等．不同原料等级黄茶特征香气成分分析［J］．食品科学，2021，42（16）：89－98.

［73］Shly，Wangm，Dongz，et al. Volatile components and key odorants of Chinese yellow tea（Camellia sinensis）［J］. LWT，2021，146：111512.

［74］Guox，Hoct，Schwabm，et al. Aroma compositions of large－leaf yellow tea and potential effect of the anine on volatile formation in tea［J］. Food Chem，2019，280：73－82.

［75］Hongx，Wangc，JianIr，et al. Characterization of the key aroma compounds in different aroma types of chinese yellow tea［J］. Foods，2022，12（1）：27.

［76］林燕萍，张见明，陈泉宾，等．有机白茶和常规白茶品质差异分析［J］．食品研究与开发，2020，41（19）：151－156.

［77］梁举凯．茶叶加工技术的创新与发展趋势研究［J］．智慧农业导刊，2024，4（6）：69－72.